東京
甜點散步手札

幸せになるデザート

圖文｜許蓁蓁

CONTENTS

推薦序、舌尖上的藝術饗宴

許詠翔 ◎日本東京製菓台灣校友會前會長、Bonjour 朋廚烘焙坊負責人

甜點在古今中外，人們的生活領域中，一直擁有撫慰人心的正面效果。近十年來發達的網際資訊，如光速般照亮了人們的生活；隨之而來的便利與壓力，讓人們對甜點的依賴與期待，相對更多與更美。

台灣的甜點水平，近年來多了很多用心於製作，除了可以帶給人開心，進而感受到的，是如同藝術品般讓「五感」都達到昇華的滿足美味。而鄰國日本，對於甜點製作與研究精神，更讓同講究精緻飲食的華人來說，有著相知相惜的特殊情感。

日本人對於技藝的堅持，秉持著武士道精神，使得甜點作品充滿著格局、意境、道理的實用美學，不論是和菓子、洋菓子，超過百年以上的國民品牌，比比皆是。新銳甜點師的創作，往往能讓人們願意苦苦等候，只為一嚐融化內心慾望的美妙滋味。

這本舌尖上的藝術饗宴，讓曾經在日本留學烘焙的我，更感念日本文化，將中國歷史上，最美最豐盛的唐代文化，內化保存至今，就讓我們一同藉著對甜點的期待與感動，感受這能貫穿古今中外的甜點密碼。

推薦序2、遇見東京最甜美的一面

余湘 ◎ WPP 傳播集團 GroupM 台灣區董事長暨總裁、聯廣傳播集團董事長

旅行能讓人拋開煩惱，甜食能促使大腦分泌血清素，使人愉悅放鬆。

這本書巧妙結合兩者，像是一張巨大的東京甜食地圖，每一頁、每一間店，滿滿都是幸福，跟著作者的軌跡探訪東京，絕對能看到這個城市最甜美的一面。

推薦序3、甜點的華麗盛宴

梁赫群 ◎名節目主持人

人家說：「女孩子有另外一個胃，是用來裝甜點的！」

女人似乎無法抗拒對甜點的吸引力，尤其看到蓁蓁書中的介紹，光是圖片就讓人口水直流，加上文字的精彩敘述，更是讓人食指大動。

甜點的種類很多，日本的甜點種類更是五花八門，經過蓁蓁的細心整理後，相信可以為也愛甜食的妳，做為去日本旅遊時最好的美食引導，也讓人更想去日本走一趟，現在就讓我們跟著作者的腳步，一起來享用這場甜點的華麗盛宴吧！

推薦序4、好看又實用的美麗工具書

張克帆◎知名藝人

我是一個喜歡吃甜點的男生，每回吃完正餐，總要來點甜的，收個胃……要是甜點不好吃的話，將會破壞我一整個餐點的心情！

這一次蓁蓁小妹妹，將她在日本東京遊學的空閒時間，用來尋找好吃的甜點，還將製作過程，以及路線圖詳細的收錄在這本書裡，讓喜好甜點的我，看了之後，不禁將下一個旅行地點，改成了日本東京。

這本好看又實用的美麗工具書，不禁能讓讀者趕上飲食的潮流，又強烈誘惑你我的味蕾。快跟我一起，拿著這本書，飛到東京散個步，找到書裡最吸引你我的人間美味吧！

推薦序5、保證看了立刻垂涎三尺

陳德烈◎知名藝人

恭喜蓁蓁花了這麼長的時間到日本實地考察，用心做出的甜點書終於出爐啦！喜歡吃日本甜點的朋友們，千萬不能錯過這本——保證讓您看了立刻垂涎三尺的甜點書喔！

推薦序6、超強大！此生必備的旅遊良伴

邵庭◎知名美食節目主持人

「好強大！太強大了啊！」這是看完蓁蓁的甜點書之後，迴盪在心裡的無限OS！從來沒看過一本甜點書這麼有效率的！

去過東京多次，也買過很多東京旅遊書、甜點書，但那些書實用的部份多半不到三分之一，等旅行結束之後，就被打入冷宮（不要否認，你一定也做過這樣的事）。

但是這本甜點書絕對不會有這樣的命運，因為內容相當快、狠、準！

我想這跟我認識的許蓁蓁有絕對關係，她不囉嗦、不能忍受不實際的金牛個性，讓這本書直接了當，實用資訊相當明確。

再加上蓁蓁懶得說漂亮話，所以你不會看到任何因為公關需要，而出現的官腔評論；而且許蓁蓁對美食的龜毛程度，也是金牛等級的，令我毫不質疑書內甜點的美味程度！

總而言之，這本強大的甜點工具書，絕對是你此生前往日本必備的旅遊良伴！

推薦序7、探索美味甜點的最佳地圖指南

瀨上剛 ◎知名主持人

自古以來，甜點被日本人視為高級品，原由乃日本國內幾乎無產製砂糖；也因此，日本人喜好的甜點口味都有過甜的傾向。

我常聽說台灣朋友，慕名而專程排隊購買日本甜點，品嚐後卻發現不合口味。現在，有了這本由台灣女性嚴選彙整而成的書，相信台灣人也可以藉此找到適合自己口味的甜點，更是幫助旅人善用有限的時間，探索美味甜點的最佳地圖指南。

推薦序8、幸福的祝賀

瀧倉修 ◎日本巧克力大師

蓁蓁：恭喜你的書出版，打從心裡的支持你！

蓁蓁さん ご出版おめでとうございます。オッツ 心より応援しています。 瀧倉修

自序　有沒有一種不吃甜食會死的病？

我想應該有種叫做「不吃甜食會死的病」，而我就是不小心染患這種症頭的傢伙吧！（笑）

❤ 幸福義務，使我義無反顧

一塊一百元到三千元日幣的蛋糕，甚至更貴的甜點我都嚐過，然而東西從來不是越貴越好吃，甜點更是如此；因為甜點多了一份讓人感到幸福的義務，對於小細節用心處理的職人精神，讓甜品除了好吃，更達到藝術境界的展現，就是這份「讓人幸福的義務」，使我如此義無反顧！

對我來說，嚐到美味甜點的幸福表情，就是全世界最棒的風景！每當吃到好吃的甜點，都興高采烈地好想把這份幸福感跟誰分享，雖然我從來就不是成績優秀或作文特好的學生，然而自日本實地訪查歸來後，這份分享的念頭越來越強烈，於是促成我寫書的動力！

以前我常常到日本旅遊，每回總覺得時間不夠用，還有太多想吃想去的地方；貪心的我，這次毅然決然不顧任何反對前往日本遊學。而這本書描繪幸福的發源地，正是以東京這個浪漫時尚的城市為中心。

❤ 甜蜜夢想，勇往直進不間斷

在日本期間，我常常一個人背著相機，帶著筆記、翻譯詞典，一路漫遊流行指標的東京城、年輕人之街涉谷、不夜城新宿、充滿綠意的代官山、精品戰區銀座、高田馬場的手冢治虫城市、天空樹展望台、池袋西口公園的落日……，悠閒地隨處逛逛，同時尋訪各區夢幻名店，或隱而不顯的特色咖啡廳，享受一個美好的下午茶時光，是我求學之外最喜歡的課外活動。

為了尋訪「幸せになるデザート（幸福感甜點）」，不停地穿梭在東京巷弄；也歷經迷路坐錯車、被拒絕拍照，或是大老遠找到店家後，卻發現休業等等；後來接到出版社要我試著爭取獨家優惠，一路用著我「哩哩拉拉」的日文採訪名店，進一步與店主人溝通，最後一切努力果然沒有白費，能把這份成果帶給讀者，實在是太開心了！

♥大人氣 62⁺，品嚐夢幻行動派

我喜歡旅行，常問自己旅行的意義究竟是什麼？我想，若能在往後的生活裡，回味起這些動人片段，就是旅行的意義吧！

朋友曾經形容我是個「做比想還快的人」，的確我常常因想得太少、衝得太快而吃了不少虧；但是反過來想，倒慶幸自己擁有這樣的性格，才能一路勇往直進，擁有許多珍貴的旅程及回憶！

這些過程回想起來，連我自己都覺得不可思議；尤其是與新甜點相會的感覺，常常像是見筆友般懷著既期待又怕受傷害的心情，深刻體會到「絕非 made in japan 就等於美味」，一路上踩過不少地雷，一度還想說乾脆集結成「日本甜點地雷書」好了，但極有可能會被店家跨海追殺吧（笑）！

經過不斷嘗試與淘汰後，嚴選出「大人氣 62⁺ 夢幻甜點屋」，絕對值得讓你帶著這本書飛一趟東京，和我一樣做個幸福生活行動派，好好品嚐一番。

❤帶著幸福與感謝，一起出發！

當一個人身處異鄉，才能深刻體會朋友的溫暖！日本遊學期間，需要感謝的人實在太多：有樂意讓我借住家裡，生病時熱心照顧我，化解水土不服的難耐；有陪我尋找甜點、幫我打電話聯絡店家；有怕我人在異地容易思鄉，介紹了好多日本朋友給我認識；因為有朋友們的幫忙，我才能順利完成這趟旅程，謝謝你們！

有時候對於計畫仍不免感到迷茫，只是從未設限一股腦去做，不許自己留有遺憾，就像出版這本書一樣，才發現：原來寫作跟拍戲一樣需要熬夜的呢（笑）！

從模特兒到少女團體、歌手、演員、旅遊節目主持人、作家，儘管身份上有所轉變，內心那股全力以赴的動力，以及想要分享的感動，始終不變。

李國修老師曾說：「人，一輩子做好一件事就功德圓滿了。」人生如果能找到一件有興趣的事，然後努力去實踐，我想應該就可以算是了不起的成就了吧！

最後，我要謝謝我的家人、朋友、博思智庫出版社的所有人；謝謝郜哥、克帆哥、小梁哥、邵庭、陳德烈、瀨上剛、余湘姐、瀧倉修主廚等，願意大力署名推薦；當然還要衷心感謝拿著這本書的你！

讓我們找尋屬於自己的「幸せになるデザート（幸福感甜點）」，一起出發吧！

1

Shibuya
涉谷

- PABLO
- 宇田川カフェ suite
- 然花抄院
- ONE PIECE 草帽商店
- CANDY SHOW TIME
- よーじや café
- GONTRAN CHERRIER
- SUZU CAFÉ
- 青木定治

01

PABLO

永遠排滿人潮的半熟起司蛋糕

DATA
地址｜東京都涉谷區宇田川町 21-9
電話｜03-3462-8268
時間｜10:00-22:00
網址｜www.pablo3.com

本來只有在大阪才吃得到的PABLO，在二〇一三年三月終於在涉谷開幕了！

跟大阪店一樣，經過店面時，永遠是滿滿的排隊人潮！

不過等待絕對是值得的，東京甜點之旅第一站，基本入門款就從這裡開始！

高物價的東京，他們的六吋起司蛋糕才售價七百八十元日幣，價格首先就已經讓人感到親切無比了。

非常建議可以起個大早，專程來排限量的「極致起司蛋糕」，發光似水晶的表面，其實是上層烤了一層薄薄的焦糖，略略烘烤過的微苦焦糖香，完全滲入濃郁的蛋糕內，入口瞬間，舌尖可以立刻感受到不可思議的

製作過程一覽無遺，現烤現做的招牌「半熟起司蛋糕」，是便宜又好吃的甜點入門。

絲滑口感，添加了牛奶，讓齒間留下香甜的奶香，不過也因為添加了牛奶，所以蛋糕保存期限較短，不冷藏狀態只能保存三小時，建議加購三百日元的保冷袋，可延長至六小時！

這款限量蛋糕大概要兩點前去，才可能買得到，我本身就撲空過好幾次，所以想吃的話，記得要趁早前往！

想吃美味的「極致起司蛋糕」，建議早點前往。

Must Try

打開盒子，瞬間就可以聞到香濃的起司味，剛烤出來還熱熱的時候，外層酥香的塔皮，配上半熟的起司，吃起來有點像蛋塔的口感，但也絕非蛋塔這麼簡單；冰過之後，口感又是完全不同，外層塔皮更加酥脆，半熟起司吃起來也更清爽！也會依季節推出不同的口味限定，夏季的水果口味也非常清甜美味。

02

宇田川カフェsuite

隱身巷弄的超美味起司蛋糕

隱身涉谷小巷中的宇田川咖啡，我花了一點時間才找到！一進到店內，立刻感受到濃濃的異國鄉村風，自然素材的原木裝潢，傳來陣陣曼波爵士樂風，讓人不知不覺就想跳起舞來，陽光緩緩透窗灑入，營造出一股西部鄉村的浪漫感！

除了有超美味的起司蛋糕，店家自製的提拉米蘇，也是每日限量完售的熱門品！很多日本女子會自己一個人來到這裡，享受一個人的悠閒時光，點上一杯咖啡和極品甜點，度過美好的下午時光！

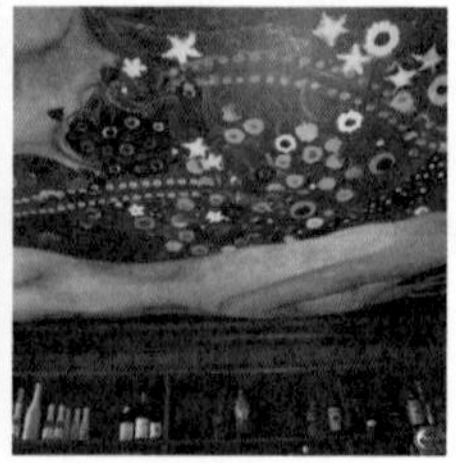

右 / 屋頂的壁畫也令人目眩神迷
左 / 店內一角

Must Try

蛋糕入口的瞬間，舌尖瞬間感受到絲滑起司在口中化開的絕妙口感，加了奶油的起司，非常溫和沒有黏膩感，濃郁的奶香和微酸起司的完美組合，讓人一口接著一口，很適合搭配一杯咖啡或紅茶！

溫暖知性的二樓空間

DATA

地址｜東京都涉谷區宇田川町 36-12
電話｜03-3464-4020
時間｜11:30-15:00、15:00-18:30、18:30-23:00
網址｜www.udagawacafe.com/suite/suite.html

03

然花抄院

層次分明的抹茶蛋糕

店內招牌半熟蜂蜜蛋糕

來自於京都的甜點名店「然花抄院」雖然是賣日式甜點，但卻不是傳統的日式菓子，而是融合了一些洋菓子的要素，讓甜點呈現出不同的日式風格！最著名的人氣商品是半熟蜂蜜蛋糕，以及涉谷店限定的聖花冠抹茶蛋糕。

半熟蜂蜜蛋糕主要成分是以蛋和蜂蜜製成，內餡是有點半液體狀的型態，切開瞬間就聞得到濃濃的蛋香，濃稠蜂蜜餡還會沿著切口緩緩流出。濃郁的蛋香混合著蜂蜜醇美，在口中化成絕妙滋味！與我同行的朋友當場吃完後，還不忘外帶呢！

半熟蜂蜜蛋糕也可外帶

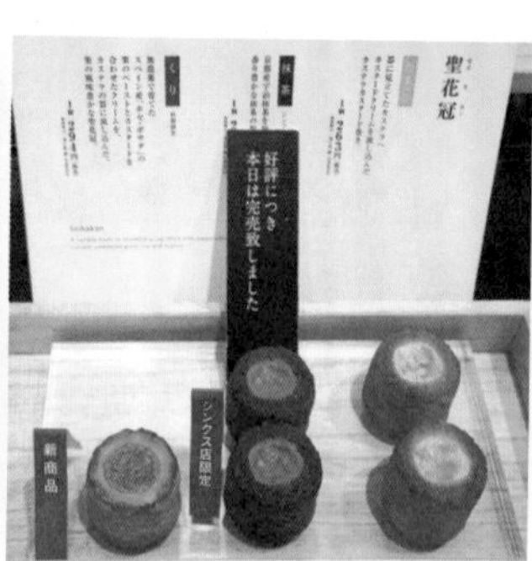

涉谷店限定的抹茶聖花冠蛋糕

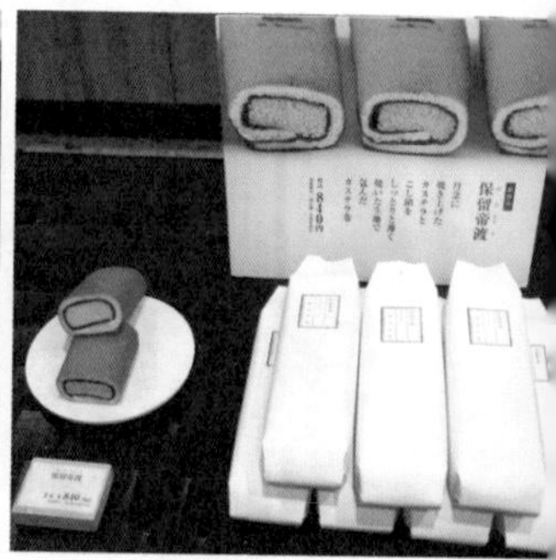

DATA
地址｜東京都涉谷區涉谷 2-21-1（shin Qs）5F
電話｜03-6434-1575
時間｜10:30-21:00
網址｜www.zen-kashoin.com

建議可以直接點「茶庭ノ膳」的套餐（一千五百元日幣），可以一次吃到三種不同的招牌商品，還有附好吃的蛋黃餅乾，及一杯日式抹茶！內用的座位，還可以享受眺望涉谷街頭的遼闊美景！

Must Try

看似樸實的抹茶蛋糕，烤得微酥的外層包裹著濕潤的抹茶蛋糕，裡面則是滑順的抹茶慕斯，分明的層次變化帶來多重口感的享受，是我非常推薦的一款蛋糕！

現烤的 Q 軟麻糬

04

ONE PIECE 草帽商店

一起航向偉大的食道吧！

右下／拍完後才發現有攝影禁止的警語的店內一角！哈

左下／店內的大型海賊船模型

在涉谷授權的「海賊王」餐廳及草帽商店是所有海賊迷必經之地！

除了有海賊的主題餐點，草帽商店區也買得到很多涉谷店限定的周邊商品，海賊王的漫畫盤子，把食物放上去拍照，看起來就像是立體漫畫一樣，是我個人鍾愛的周邊商品之一！如果有喜歡海賊王的朋友，非常建議可以來這裡選購伴手禮喔！

Must Try

最熱賣的是這款海賊造型的糖果，裡面分別有四款不同的海賊人物圖案！

DATA

地址｜東京都涉谷區宇田川町 15-1 涉谷 PARCO Part1 6F

電話｜03-5428-4161

時間｜10:00-21:00

網址｜www.mugiwara-store.com

05

CANDY SHOW TIME

回到童年時光的水果糖

應該很多人跟我一樣是「櫻桃小丸子」的超級粉絲，幾乎每一集卡通都看過，可以說是陪著我長大的同伴了呢！

小丸子的周邊商品其實出得不多，所以在涉谷看到小丸子和她同學們的造型糖果時，實在是太令人雀躍了，二話不說立刻搜刮不同口味的水果糖！

除了小丸子之外，也有「哈囉凱蒂（Hello Kitty）」，以及不同的季節限定圖案！

繽紛的糖果陳列，讓人心情大好！

Must Try

如果時間充裕的話，店家也接受訂製圖案。台灣雖然也有可訂做圖案的糖果，但目前看到最精緻的還是來自日本！想找些特別又可愛的日本伴手禮，送這個就對了啦！

現場直播糖果製作過程，小朋友也都看得目不轉睛。

DATA

地址｜東京都涉谷區涉谷 2-24-1
東急百貨店涉谷駅．東橫店西館地下 1F
電話｜03-3477-4016
時間｜10:00-21:00
網址｜candy-showtime.com

06

よーじや café

豆腐提拉米蘇，百年經典招牌

特製聖代，使用了鮮奶油、抹茶冰淇淋、白玉紅豆等等豐富用料。

從京都來的よーじや（yojiya）創始於1904年，至今已有一百多年歷史了，一開始只是沿街叫賣化妝雜貨，後來到新京極開設店面後，正式命名為yojiya。

最有名的商品就屬娃娃頭的吸油面紙，在一九二〇年左右推出後，隨即受到京都花街女子的歡迎，因此成了招牌代表。

後來陸續推出各種極具特色的化妝品，也都大受好評，成了歷久不衰的美妝品牌。接著開設了yojiyacafe，非常受到歡迎！每款甜品、飲料都會印上招牌的娃娃頭，雖然甜點的種類不多，但味道都相當可口。

DATA

地址 | 東京都涉谷區涉谷 2-21-1（shin Qs） B1F
電話 | 03-6434-1761
時間 | 10:00-21:00（Last Order 20:30）
網址 | www.yojiyacafe.com

從小地方更可以感受到品牌的精緻用心，連濕紙巾都印有招牌圖案，厚度簡直就跟手帕一樣了！

Must Try

我最喜歡豆腐布丁，特製的提拉米蘇風味，軟嫩的口感伴有濃濃豆香，嚐起來有點像是濕潤的海綿蛋糕！

在東京都內只有涉谷 shinQs 一家分店，除了可以在享受到 yojiya 的咖啡甜點外，也有附設美妝專櫃，不用跑到京都也可以買到百年經典的 yojiya。

GONTRAN CHERRIER

停不了口的抹茶餅乾

雖然這裡主要賣麵包，但他們的抹茶餅乾真是有夠好吃！GONTRAN CHERRIER的抹茶餅乾是我在日本期間最喜歡的餅乾之一！每次來到涉谷，都一定要繞來這裡買包抹茶餅乾。

還有柚子起司蛋糕也很推薦，起司口感滑順香濃，配上淡淡柚子香氣，吃起來非常清爽，還能吃到柚子的果肉呢！除了一定要外帶餅乾之外，時間較充裕時，我通常會悠閒地吃上一塊蛋糕，再來杯拿鐵。

Must Try

一抹淡淡的抹茶微苦香氣，入口酥脆，常常一個人不知不覺就喀掉一兩包！一包日幣 330 元，算是有點奢侈的零嘴。在台灣還沒找到這麼好吃的抹茶餅乾，所以每次來日本都會特地買回去，曾經有朋友託我一次買了十幾包回去囤貨呢！

低甜度的抹茶口味餅乾和清爽的柚子起司蛋糕！

DATA

地址｜東京都涉谷區涉谷 1-14-11 1-2F
電話｜03-6418-9581
時間｜7:00-21:00（不定休）
網址｜gontran-cherrier.jp

晚上會變身成 lounge bar

08 SUZU CAFÉ

具有層次口感的大人味

知名人氣咖啡廳SUZU CAFÉ，常常出現在甜點雜誌，網路上也有高度的評價。甜點只有起司蛋糕和聖代兩個選項，必點的人氣甜點是自家製的「焦糖濃厚起司蛋糕」（五百五十元日幣），厚實高密度的起司蛋糕，本身其實沒有什麼甜味，卻可以吃到起司最原本的濃厚口感，意外的非常順口；它的甜度來自淋上的烘烤焦糖醬，烘烤後的焦糖帶點微苦口感，吃起來具有層次與質感，是成熟的大人味呢！

這裡的空間設計也很舒適，令我欣賞的是：設計給單人（單身者）的專屬小空間，就算一個人來用餐，也能感受到這份體貼、溫馨與自在！

DATA

地址｜東京都涉谷區神南 1-20-5 3F
電話｜03-5428-3739
時間｜11:30-23:00 五、六、假日 11:30-26:00
網址｜www.completecircle.co.jp/suzu/

兩個人的位置更多了些温暖感

Must Try

「焦糖濃厚起司蛋糕」，招牌人氣甜點，使用低甜度的濃厚起司，淋上焦糖透亮的色澤，令人好想吃一口。

青木定治

轉吧，轉吧！馬卡龍大判燒！

Must Try

馬卡龍大判燒，餅心外層酥熱微脆，裡面包著一整顆完整的巧克力馬卡龍，盡顯奢華獨特口感。

雖然在台灣也可以吃到青木定治，但日本就是能別出心裁，特愛推出專屬限定款！所以只有在涉谷ShinQs店，才買得到馬卡龍大判燒（台灣稱之車輪餅）。

餅皮使用原味的生地抹茶，現烤後的餅皮酥熱微脆，還聞得到香氣，抹茶裡面包著一整顆完整的巧克力馬卡龍，加熱後的馬卡龍是一種完全沒想過的口感，與烤過後的Q軟餅皮融為一體，真是太好吃了！

比起傳統做法，這實在是有點太過奢侈的大判燒，更會依季節做不同口味的調整，來到涉谷一定要來嚐嚐看。

DATA

地址｜東京都涉谷區涉谷 2-21-1（shin Qs）B2F
電話｜03-6434-1809
時間｜10:00-21:00
網址｜www.sadaharuaoki.jp/top.html

2

Shinjuku
新宿

- 無印良品 Café&Meal
- 林園茶屋
- BREIZH Café CREPERIE
- Ken's café Tokyo
- MAPLIES CAKE
- DEAN&DELUCA
- ペストリー ブティック (Park Hyatt Tokyo)
- HARBS
- Sola
- Noix de beurre
- 東京ミルクチーズ工場
- Rose Bakery

10

無印良品 Café&Meal

沖繩紅茶與起司完美結合的好滋味

只有在日本才有的無印良品咖啡廳，位於新宿的旗艦概念店B1，內部裝潢一派MUJI的簡約自然風，餐廳提供類似台灣自助式餐點，兩人用餐可選擇五菜一湯組合，售價一千零五十元日幣。由於在日本比較少有這類型的餐廳，因此很受到當地人的喜愛。

DATA

地址｜東京都新宿區新宿 3-15-15 B1
電話｜03-5367-2726
時間｜11:00-21:00
網址｜www.muji.net/cafemeal

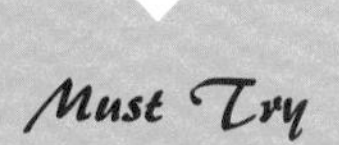

沖繩紅茶起司蛋糕，店家特別強調原料來自日本沖繩產地的紅茶，茶香完全融入綿密的起司蛋糕裡，呈現出高雅馥郁的美妙滋味。

除了用餐，也一定要吃這裡的甜點，招牌人氣蛋糕「沖繩紅茶起司蛋糕」，店內幾乎每人桌上都有一盤，蛋糕外觀一樣是不加裝飾的無印風格，卻能直接聞到濃郁撲鼻的紅茶香氣。

同時也會使用當季水果融入紅茶蛋糕，夏季時吃到了紅茶芒果起司，香甜清爽的芒果口感及紅茶香氣，融合的絕妙，我也非常喜歡！

甜點都可以做外帶

11

林園茶屋

涼爽Q彈的抹茶蕨餅

林園茶屋是賣抹茶系列的日式甜點專門店，最推薦的甜點絕對是「抹茶わらび餅」，中文也可寫作蕨餅！

日式甜點很常可以看到這道甜點，但是林園茶屋的蕨餅是至今讓我最推薦，也最讓我懷念的！蕨餅有點類似台灣古早味甜點「香蕉糕」，但吃起來卻有濃厚的抹茶微苦香氣，口感涼爽Q彈。

淋上特製的黑糖醬，能完美中和抹茶微苦的味道，呈現出道地的日式風味。每次推薦給朋友，同樣都讚不絕口，給予極高評價！

如果時間不夠坐下來好好品嚐的人，厥餅也可以外帶，喜歡抹茶的朋友，也可以在這裡買到非常多款抹茶系列甜點！

六本木的分店除有販售基本蕨餅外，還有多樣六本木店自己獨創的甜點，所以去了之後會覺得甜點menu 不太一樣。此外，可能因為高級地段的關係，甜點單價也相對較高！

DATA

地址｜東京都新宿區西新宿 1-1-5 LUMINE 新宿 1 B2F
電話｜03-3344-2855
時間｜11:00-21:00
網址｜www.kyo-hayashiya.com/lumine.html

Must Try

林園茶屋的人氣商品——蕨餅，口感涼爽Q彈，淋上特製黑糖醬，完美中和抹茶微苦的味道，呈現出道地的日式風味。

12 BREIZH Café CREPERIE

米其林一星的法式可麗餅

爽口無負擔的可麗餅，是很多日本女生的最愛，在法國擁有米其林一星的 BREIZH Café CREPERIE 法式可麗餅，現在日本也吃得到了。

不管鹹的或甜的都非常可口，招牌的甜可麗餅，是簡單的一片可麗餅配上一球香草冰淇淋，唯一的裝飾就是淋在上面的楓糖醬！烤得軟Q的餅皮周邊是微焦的酥脆口感，楓糖醬帶點酒香，一口可麗餅配上一口冰淇淋，舌尖可以感受到溫度變化所帶來的絕妙感受，真是棒極了！

除了甜品，也推薦這裡的主餐，鹹的可麗餅就有數十種選擇，份量適中，口味也相當清爽！

店內充滿異國風的佈置，也有綠意盎然的露天用餐區，悠閒得令人忘記時間和空間的壓力，在新宿逛街走累的話，這裡絕對是個休息用餐的好選擇！

Must Try

烤得酥熱的法式可麗餅，帶點微微酒香，甜鹹皆宜，是款非常大人味的甜點！

DATA

地址｜東京都涉谷區千駄ヶ谷 5-24-2 新宿 TAKASHIMAYA 13F
電話｜03-5361-1335
時間｜11:00-23:00
網址｜www.breizhcafe.com

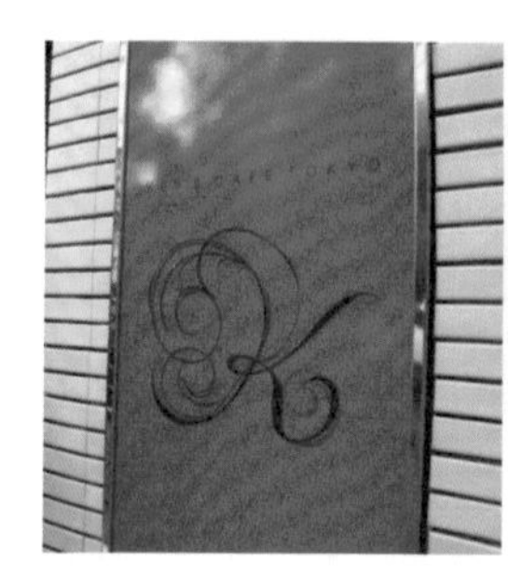

13 Ken's café Tokyo

貴族專屬的精緻巧克力

日本網路美食評鑑上，一直是人氣排名的巧克力蛋糕，店面位於新宿的小巷弄，目前僅此一家，無其他分號。

老闆憑著對巧克力的執著，原料上嚴格挑選最頂級的素材valrhona（法芙娜），與日本國產的頂尖可爾必思鮮奶油，堅持全手工製作，每天只限量販售五十份。

濃厚的巧克力看起來質地濕潤扎實，吃起來沒想到卻是鬆軟的口感，奇妙的巧克力新食感令人驚訝！這款高人氣巧克力，目前發送全世界五十國以上的駐日大使館，因此被喻為貴族專屬的精緻巧克力！

除了巧克力目前沒有販賣其他商品，而且規定只能外帶，一條定價三千日元，價格也非常貴族！

Must Try

貴族系巧克力蛋糕，藏身巷弄，有著頂級的素材、全手工製作的加持，完美呈現巧克力新食感，成為發送駐日大使館的朝貢級甜品。

DATA

地址｜東京都新宿區新宿 1-23-3 1F
電話｜03-3354-6206
時間｜10:00-21:00（六、日、例假日休）
網址｜www.kenscafe.jp

14 MAPLIES CAKE

光看就驚奇的創意甜點

新宿地鐵食堂街B2的MAPLIES CAKE，是知名蛋糕店另設的平價蛋糕分店，所有蛋糕幾乎都只要日幣一百零五元，最貴的也不超過兩百元，在高物價的日本幾乎看不到這種售價。

蛋糕口味都還不錯，以一百零五元來說，CP值算高的。除了平價蛋糕，最特別的是他們的創意甜點，看起來像拉麵、煎餃、天津飯的東西，竟然全部都是蛋糕，實在是太特別了！

因為前往當天，已經銷售一空，所以口味的部分仍是個謎，還是很想跟大家分享，有去吃過的朋友，下次記得告訴我好不好吃囉！

Must Try

看起來像拉麵、煎餃、天津飯的食物，竟然全部都是創意甜點喔！

DATA

地址｜東京都新宿區西新宿1-1-2 新宿メトロ食堂街B2F
電話｜03-3342-6227
時間｜10:00-22:30
網址｜暫無

15

DEAN&DELUCA

令人驚豔的美妙食感

核桃蜜麵包

我相信喜歡甜點的人，一定也無法控制對麵包的欲望，我就是那種走進麵包店就無法空手走出的人！

第一次進到DEAN&DELUCA，是因為有個不太愛吃甜點的日本朋友，竟然主動跟我推薦這家麵包超好吃，每款麵包或馬芬的要價都不算低（合台幣都要一百元以上），但如果太晚來還是常常買不到，生意非常好！

店內的招牌是蝴蝶圈及馬芬，馬芬的外形沒有多餘的裝飾，只看得到豐富扎實的用料！

對於不加以裝飾的甜點，我都特別感興趣，因為這意味著東西本身的味道一定要好吃；我最喜歡覆盆莓乳酪口味的馬芬，微濕潤的口感，混著新鮮的覆盆莓和清爽的乳酪，香氣十

DATA

地址｜東京都新宿區新宿3-38-2 新宿店LUMINE2 2F
電話｜03-5909-3847
時間｜8:00-23:00
網址｜www.deandeluca.co.jp

香酥的蝴蝶圈，份量很大

足，口味也不甜膩，入口後，還會在嘴巴留下淡淡的香甜！蝴蝶圈也是店內的招牌，每款口味都好吃，因為熱賣，好幾次因為來得太晚就買不到了！

想吃蝴蝶圈的話，要注意不要太晚前往喔！如果想再搭配一杯咖啡的話，新宿的麵包店對面也有DEAN&DELUCA 咖啡廳，賣的東西是一樣的，可以在店內好好享用。

Must Try

覆盆莓乳酪馬芬不加以華麗裝飾的外型，卻有著令人驚喜的美味！

16 ペストリー ブティック Park Hyatt Tokyo

如同精品的下午茶點

新宿的頂級飯店Park Hyatt Tokyo，在飯店的一樓設有甜點專賣區，一般人不需入住飯店，也可在這裡享用氣氛優美的下午茶！

每樣甜點都如同精品般的擺在玻璃櫃裡，外形也很不平凡，我選了一個看起來十分華麗的金箔蛋，裡面包的是低甜度的卡士達，一旁還會附上一小瓶濃郁的芝麻醬。綿密的卡士達淋上芝麻醬汁後，微微增加了一點甜度，卻不膩口，最後還在口中留下淡淡的芝麻香氣，是道很大人味的高質感甜點。

充滿綠意的餐廳環境，搭配著陽光灑入的暖色調，多適合在這裡度過一個美好的午後啊！

DATA

地址｜東京都新宿區西新宿 3-7-1-2
電話｜03-5322-123
時間｜11:00-19:00
網址｜www.parkhyatttokyo.com/Facility/Shop/pastry.html

Must Try

黃金卡士達，淋上香醇的芝麻醬，美味兼具創意的甜點。

17 HARBS

清爽滑順的奶香千層

如果對日本甜點稍微做一點功課的人，應該都會知道這家HARBS。在網路上的評價人氣極高，甜點也確實也如傳言中非常好吃！

HARBS的切片蛋糕一片六百至九百元日幣不等，算是高價位的蛋糕，但是買過就知道：他們的蛋糕份量幾乎是一般的兩倍大。

招牌商品是「水果鮮奶油千層蛋糕」，薄如紙般的餅皮，堆疊著一層又一層滿滿的新鮮水果，中間再夾上日本鮮奶油；鮮奶油向來都是甜點中非常重要的角色，日本鮮奶油即使大量使用，融入蛋糕裡也完全不會有奶油的黏膩感，只有清爽滑順的奶香口感，水果的鮮甜佐上爽口的奶油，即使是一般蛋糕的

DATA

地址｜東京都新宿區新宿 3-38-1 LUMINE EST 新宿店 B2F
電話｜03-5366-1538
時間｜平日 11:00-22:00(L.O. 21:30)、六日 10:30-22:00(L.O. 21:30)
網址｜www.harbs.co.jp

兩倍份量，也可以三兩下迅速地解決一個！

每種口味都很推薦，上選不甜膩的巧克力也是我最喜歡的口味之一。因為生意太好，如果想內用要有排隊的心理準備喔！

Must Try

招牌人氣款水果千層蛋糕，水果的鮮甜佐上爽口的奶油，是一定要吃吃看的！

18 Sola

如緞帶不斷向上堆疊的巧克力塔

新宿伊勢丹網羅了各家知名甜點，種類琳琅滿目，初次到新宿伊勢丹甜點樓層的人，應該都會跟我一樣感到茫然不知從何下手。

如果沒辦法每樣都帶走的話，Sola 的巧克力塔絕對是我的前幾名首選。薄如紙張的巧克力不規則薄片，像緞帶般不斷向上堆疊成塔，入口的瞬間就在嘴裡化開。

微苦的大人味巧克力，內層包著卡士達、巧克力蛋糕、巧克力醬，多層次的豐富巧克力口感，不會過分甜膩。另外還有精緻的方塊蛋糕、檸檬蛋糕，也是Sola的人氣招牌商品。

Must Try

層次口感豐富的巧克力塔，薄如紙張的巧克力不規則薄片，像緞帶般不斷向上堆疊，形成獨特的造型，喜歡巧克力的人一定會愛上這個。

DATA

地址｜東京都新宿區新宿 3-14-1 伊勢丹新宿店 B1F
電話｜03-3354-5015
時間｜10:30-20:00
網址｜www.sola-tokyo.jp/index.html

19

Noix de beurre

感受「幸福瞬間」的費納許

Must Try

外層酥脆，選用西班牙的杏仁，榛果等素材，內裡濕潤、香氣濃郁的費納許，是經典人氣商品。

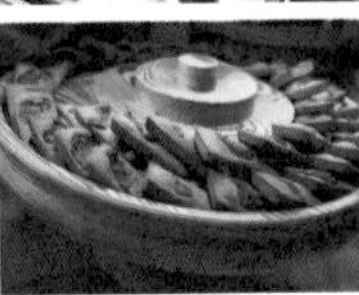

會發現這家好吃的「費納許」，是因為幾次經過伊勢丹甜點區時，總是看到這家永遠圍著許多購買人潮，基於好奇的心態就買來試試看，果然非常好吃！

雖然也有販售蛋糕及麵包，但人氣商品還是「費納許」，選用西班牙的杏仁、榛果等素材，外層的栗糖經過瞬間高溫的烘烤後，吃起來外層香脆，而裡面的蛋糕還可以然保持濕潤綿密的口感，香氣濃厚。

一般的「費納許」很少能夠烤出如此酥脆和濕潤的完美結合，層次分明的美味，可以說是我吃過最喜歡的「費納許」。

Noix de beurre本著用心做好每一塊糕點，讓吃的人感受到所謂「幸福瞬間」的理念，就算小小一塊就要價日幣兩百一十元，也讓我吃得很甘心！

DATA

地址｜東京都新宿區新宿 3-14-1 伊勢丹新宿店 B1F(上樓手扶梯旁)

電話｜03-3352-1111

時間｜10:00-20:00

網址｜www.noix-de-beurre.com

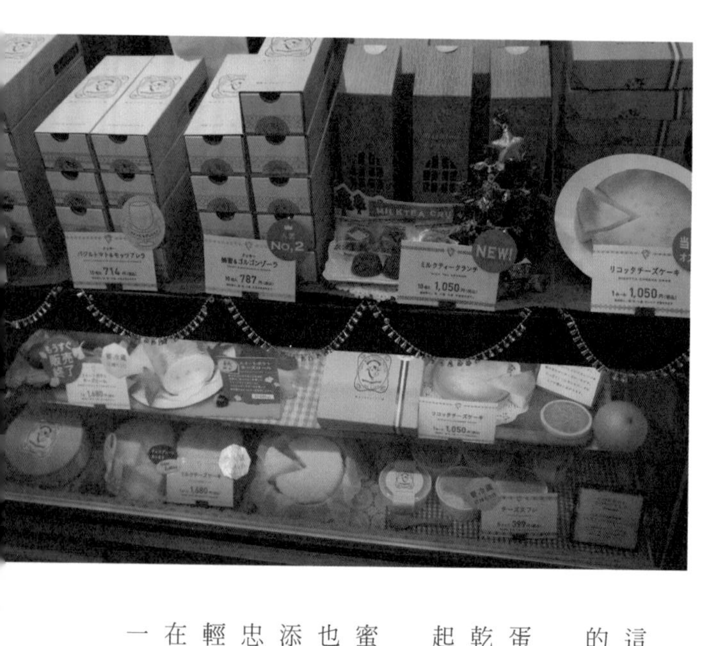

20

東京ミルクチーズ工場

一吃就上癮的起司餅乾

如果吃膩了「白色戀人」或是「東京香蕉」這些東京名產，不妨可以試試東京牛奶起司工場的起司餅乾。

嚴選香純牛奶，和最優質的起司製成餅乾和蛋糕，最熱賣的明星商品是「鹽味卡門貝乾酪餅乾」，密實的香濃餅乾，夾心是有點鹹味的濃醇起司，一吃就讓人上癮，一片接著一片停不下來！

餅乾還有番茄羅勒及蜂蜜口味，另外牛奶起司蛋糕也是店內的人氣品項，無添加的香醇起司蛋糕，忠於牛奶和起司本味，輕柔的口感，就像是在吃牛奶和乳酪慕斯一樣！

DATA

地址 | 東京西新宿，新宿區 1-1-5 LUMINE 新宿 LUMINE1 B2

電話 | 03-6279-0227

時間 | 10:00-22:00

網址 | tokyomilkcheese.jp

Must Try

人氣商品鹽味卡門貝乾酪餅乾，密實的香濃餅乾，一吃就讓人上癮！

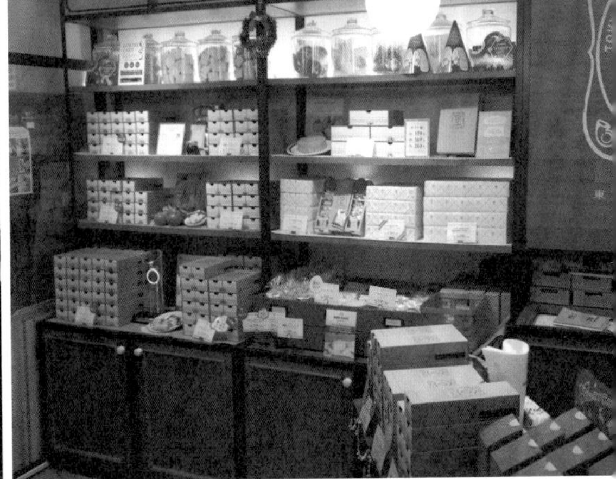

Rose Bakery

想再吃一次的好味道！

新宿伊勢丹三樓裡的麵包甜點專賣店Rose Bakery，深受輕熟女的喜愛，有麵包、司康、馬芬、布朗尼等等，每樣看起來都超好吃！

店員推薦的人氣甜點是這款看起來樸實不過的胡蘿蔔蛋糕，上層是濃醇的香草乳酪，下層蛋糕使用了胡蘿蔔、胡桃、肉桂、香橙等豐富用料。蛋糕口感不會乾澀，濕軟適中，令人越嚼越香，香草乳酪和淡淡的橙味，經咀嚼後蔓延在全部口腔，是讓人會想再吃一次的好味道！

環境華美的伊勢丹精品樓層，如果時間充裕非常建議在店內用餐，感受貴婦般的下午茶時光！

DATA

地址｜東京都新宿區新宿 3-14-1 伊勢丹新宿店本館 3F
電話｜03-3352-1111
時間｜10:00-20:00
網址｜rosebakery.jp

Must Try

爽口的胡蘿蔔蛋糕，濃醇的香草乳酪，添加胡蘿蔔、胡桃、肉桂、香橙等豐富配料，是熱賣的招牌商品。

光是布朗尼就有好幾種口味

3

Roppongi 六本木
Shirokane-takanawa 白金高輪
Akasaka 赤坂

- Toshi Yoroizuka
- Belle Equipe
- 長寿庵（Cyoujuann)
- 西洋菓子しろたえ

22 Toshi Yoroizuka

親民的米其林三星水準甜點

甜點主廚鎧塚俊彥 Toshi Yoroizuka，二十三歲起就專職於甜點製作，三十歲更遠赴歐洲進修，三十三歲成為比利時米其林三星法國餐廳的甜點主廚，是首位在米其林餐廳擔任甜點主廚的日本人！

鎧塚俊彥本人也親自在六本木的店面為大家服務，惠比壽店面目前僅能外帶，我記得前往當日，排隊就花了一個小時，鎧塚本人不時親切地走到門口，向排隊的民眾一一的慰問致歉，儘管已屬名店，仍然維持親民作風，此舉真是讓人驚訝和感動！

現點現做的甜點，可以在開放式吧台，一覽整個製作過程；點餐後還會先上一小杯餐前果汁，接著才送上現做甜點。環境和餐點都具備高水準，售價卻非常合理親切！

Must Try

現做甜點一份約 1200 元日幣上下，價格合理，可以吃到星級主廚的現做甜點，就算排隊也值得。

DATA

地址｜東京都港區赤坂 9-7-2 Tokyo Midtown 1F
電話｜03-5413-3650
時間｜11:00-22:00
網址｜www.grand-patissier.info/ToshiYoroizuka/

與瀧倉修師傅合影

靜謐的巷弄內隱藏著不平凡的美味

23 O'o.Tt（Belle Equipe）

勝出！巧克力的最高級

在台灣的一個蛋糕大展上，偶然認識了巧克力大師瀧倉修先生，為了出書，我再度飛到日本採訪他，他對巧克力用盡全心的付出投入，實在是讓我很感動，我非常喜歡他的巧克力。

吃到他製作的巧克力，瞬間強烈地感受到「幸福感」，現在都還能鮮明想起當下的感動。瀧倉修先生的巧克力全部使用日本「和三盆糖製」，在日本只要提到和三盆這三個字，就是高級品的象徵。我沒辦法介紹哪種口味好吃，因為每種口味都讓我深深著迷。

介紹給日本朋友吃過他的巧克力之後，連挑嘴的朋友也讚不絕口，直誇勝出國際大牌巧克力許多。目前主要通路是網路販售，實體店面目前只有 Belle Equipe 吃得到，光是他的咖啡歐蕾及巧克力，就絕對值得讓人前往品嚐！

來Belle Equipe品嚐巧克力，也絕不能錯過這裡的咖啡歐蕾。咖啡歐蕾端出時，上面會覆上一層高純度的巧克力蓋子，然後神奇的在你眼前瞬間融化消失，甜度適中，牛奶味香濃，最後還可以用湯匙挖起底層的巧克力細細品味，這般巧克力層次感的美妙，只有嚐過的人才能體會。

常常有人問我，最推薦日本哪個甜點，如果單指巧克力的話，毫無疑問就來Belle Equipe。巧克力有三種口味可供選擇，可參考寫在小看板的pop字體，直接向店員點餐，不會日文的話，就把書帶著指給他看囉！

Must Try

全部使用日本「和三盆糖製」的巧克力，搭配一杯甜度適中、牛奶味香濃的咖啡歐蕾，讓人吃進「幸福感」。

令人驚豔的咖啡歐蕾

與Belle Equipe老闆合影

DATA

地址｜東京都港區港區白金1-14-4 1樓
電話｜03-6659-7422
時間｜12:00-23:00（第一、三的星期日休）
網址｜hollycafe2007.rakurakuhp.net

特別推薦

O'o.Tt（長寿庵）

Cyoujuann

白金高輪站旁的「長寿庵喬麥麵屋」也可以吃到瀧倉修大師的巧克力，還有使用頂級巧克力製成的巧克力蕎麥麵喔！喜歡嚐鮮的朋友，也可以來試試。

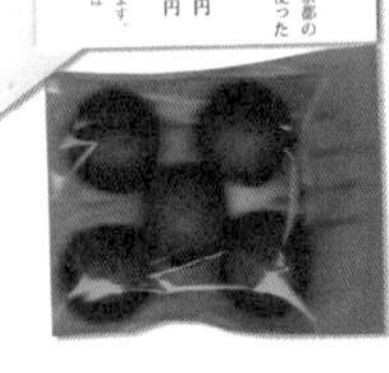

DATA

地址 | 東京都港區白金台 4-8-9

電話 | 03-3441-4069

巧克力網址 | www.oott.jp

24 西洋菓子しろたえ

超濃厚起司口感蛋糕

這家店已經可以說是赤坂區的甜點代表了，創業於昭和五十三年（一九七八年）的老店，其實算是家咖啡廳，但特地來外帶蛋糕的人每天都絡繹不絕，生意非常好！

招牌商品首推「起司蛋糕」（兩百五十元日幣），使用丹麥所產的純白起司，融合了濃郁奶油及微酸起司，呈現綿密扎實的口感，還聞得見淡淡的萊姆香。看起來樸實無華的小小一塊，竟有這麼驚人的濃厚起司口感，意外的是非常清爽，完全不膩口，還會在口中瀰漫淡淡的萊姆香！

另外，「奶油泡芙」也是店內的人氣商品，鬆軟的泡芙皮內包著滿滿的橙香卡士達奶油，雖然比一般泡芙小一點，但這樣的大小對女生而言非常恰好。

Must Try

「起司蛋糕」的絲滑質地，幾乎感覺不到任何孔隙，美妙口感令人無法抗拒！

DATA

地址｜東京都港區赤坂 4-1-4
電話｜03-3586-9039
時間｜一～六 10:30-20:30　假日 10:30-19：30（日休）
網址｜暫無

4

Ginza
銀座

- Lindt
- 銀座ぶどうの木
- ARMANI/RISTORANTE (café)
- MIKIMOTO LOUNGE
- Jolie/Bonne

25 Lindt

令人想一吃再吃的布丁

「Lindt 瑞士蓮」巧克力是世界知名的百年瑞士品牌，幾乎各地都可以買得到，可以算是巧克力的經典品牌。

Lindt 也開設咖啡廳，目前亞洲區只在東京有店面，除了販賣經典巧克力之外，甜點也非常受到好評。招牌飲品是巧克力奶昔，有著非常香濃的巧克力口味，對於很少吃甜食的人來說有點過甜，點餐時要稍微注意一下自己的接受度！另外也非常推薦巧克力布丁（五百元日幣），口感極為綿密滑順，微苦的巧克力香氣很大人味，甜度也非常適中，是令人會想一吃再吃的美食。

LINDT 餐點的最大特色：只要是杯子狀的飲料或甜點，杯口內緣都會附著一圈水滴狀的巧克力，可以直接挖起來吃，應該也算是特別贈品吧，哈！

Must Try

高純度的巧克力蛋糕，配上咖啡或紅茶非常對味。

DATA
地址｜東京都中央區銀座 7-6-12
電話｜03-5537-3777
時間｜11:00-21:00
網址｜www.lindt.jp

26

銀座ぶどうの木

像雪花冰濕軟綿細的起司蛋糕

創立於昭和五十三年，已經有三十幾年歷史的「銀座ぶどうの木」，也常常可以在機場看到這家餅乾屋，是非常知名的伴手禮。

但最有名的起司蛋糕只有在東京的店面才買得到，也是許多日本藝人大力推薦的名物。銀座這家店面，有販售其他現做甜點，二樓也有內用區，但起司蛋糕只限外帶。

點現做的甜點，色香味俱全

起司蛋糕大概下午四點後就會銷售一空，我個人已經撲空過好幾次，才終於買到的！包裝用一個竹簍盛著，再用一塊濕布包住，從來沒有吃過這種口感的起司蛋糕，像雪花冰一般濕軟綿細，入口後瞬間消失在嘴裡，完全沒有起司的黏膩感，不可思議的新食感，難怪令日本人這麼喜歡，過分柔軟的質地，比起叉子，更適合用湯匙挖來吃！

另外，如果想買伴手禮，很推薦這裡的巧克力餅乾，厚實、濃醇，是很具質感的巧克力點心，也是店裡的人氣招牌，當地日本朋友常常買來送禮呢，也是我的伴手禮首選！

Must Try

日本藝人大力推薦的名物——起司蛋糕，像雪花冰一般濕軟綿細，建議用湯匙慢慢享用！

每樣甜點都像精品一樣漂亮

DATA

地址｜東京都中央區銀座 5-8-5
電話｜03-3574-9779
時間｜星期一～六 11:00-21:00
星期日 11:00-20:30
網址｜www.budonoki.jp

27 ARMANI / RISTORANTE (café)

品味奢華的時尚味蕾

日本很多精品店都會附設品牌咖啡廳，像是資生堂、寶格麗等。在精品戰區銀座，每棟精品店設計更是極盡奢華、壯美、貴氣，讓人深深感受日本建築設計的強大。

今日的銀座在一六一二至一八〇〇年間是「中央造幣廠」鑄造銀幣的重地，也是其名的緣由，如今成為頂尖時尚精品中心。其中ARMANI在銀座的獨棟旗艦店，附設餐廳及咖啡廳。特別推薦的原因是這裡的氣氛實在太棒了，大面的落地窗可以眺望銀座街道的美景，整體風格屬低調奢華，開放式的空間設計，巧妙的隔出獨立包廂的感覺，是一次令人印象深刻的下午茶！

DATA

地址｜東京都中央區銀座 5-5-4 (ARMANI 內 10 樓)
電話｜03-6274-7005
時間｜午餐 11:30-14:00　下午茶 13:00-16:00
晚餐 18:00-21:30　星期天及假日至 21:00
網址｜www.armani-ristorante.jp/ristorante/

下午茶甜點套餐（三千元日幣）有餐前甜點、主甜點、餐後小點及飲品。餐點一樣走精緻路線，精巧美味（只是吃不太飽就是了）。甜點食材主要以當季新鮮水果做變化，因此餐點會不定期變動。下午茶套餐只供應到四點，預算許可的話，浪漫的ARMANI下午茶是個很不錯的選擇。

餐前餐後都會附上精緻的小點心

Must Try

高純度的濃厚巧克力蛋糕，配上巧克力冰淇淋碎片，口感層次豐富，在口中交錯綻放出時尚味蕾。

MIKIMOTO LOUNGE

令女孩無法抗拒的幸福滋味

以珍珠聞名的「MIKIMOTO」，在銀座的總店有九層樓高，除了可以購買珍珠、化妝品之外，也提供餐廳用餐和沙龍服務等，幾乎可以在MIKIMOTO這棟樓館安排一整天的貴婦行程了！

三樓的MIKIMOTO LOUNGE可以享用下午茶和甜點，甜點主廚是日本知名的「橫田秀夫」，曾任多家飯店的甜點主廚，目前在琦玉縣自己開設一家甜點店，相當受到好評！如果沒辦法到琦玉縣親自品嚐大師手藝，捨其次到銀座的MIKIMOTO LOUNGE，也可以吃到橫田大師的甜點！

甜點設計發想，以珍珠為概念出發，像是人氣甜點pearl，純白光滑的外表就像是一顆巨大的珍珠，口感介於奶酪和布丁之間的冰涼滑順，有著

DATA

地址｜東京都中央區銀座 2-4-12 MIKIMOTO Ginza 2
電話｜03-3562-3130
時間｜11:00-19:30（六、日、假日：11:00-19:00）
網址｜ginza2.mikimoto.com/3F/

秋天的半熟起司蛋糕

Must Try

擁有珍珠般光澤的 Pearl，吃起來介於布丁和乳酪之間的口感，柔軟滑順，有種備受寵愛的幸福感。

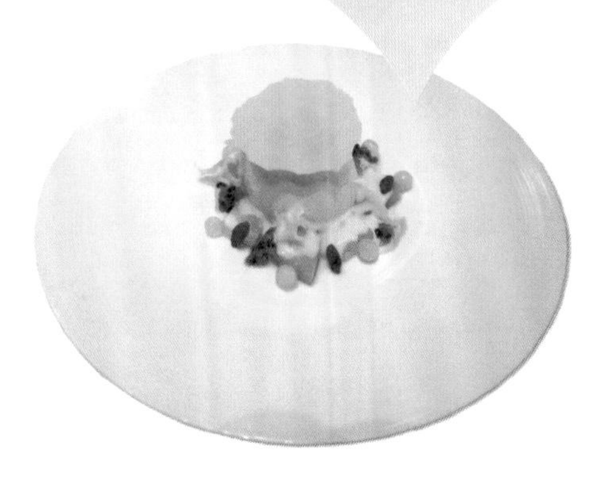

濃濃牛奶味的布丁，佐著一旁的百香果、白木耳及珍珠配料，酸酸甜甜的幸福滋味，令女孩無法抗拒！

另一款半熟起司蛋糕也很值得推薦，以秋天為主題設計，把深褐色、青綠色的新鮮葡萄切片，鑲入剔透的果凍中，再覆蓋於起司蛋糕上；清爽的果凍配上細綿的半熟起司蛋糕合作無間，不只好吃，更是一道甜點藝術品！

Jolie / Bonne

融化心口的笑臉巧克力

看見日本雜誌介紹這款笑臉巧克力，溫暖又簡單的彩色笑顏，實在令人無法抗拒，二話不說隔天就立刻跑去買！

吃起來像是M&M 的味道，還是根本就是？特別的是巧克力圖案實在太可愛了，而且還會在不同節日推出限定圖案呢！我去買的時候剛好遇到父親節，就推出各種爸爸表情圖案巧克力，每款爸爸都非常生動有趣，光看就覺得開心！

特殊節日的限定款，是個會令當事人會心一笑的超強伴手禮喔！

Must Try

不同節日推出限定圖案的笑臉巧克力，是伴手禮的好選擇喔。

DATA

地址｜東京都中央區銀座 3-6-1 松屋銀座 B1F
電話｜03-3567-1211
時間｜10:00-20:00
網址｜www.enfant-un-reve.co.jp/joliebonne.html

5

Jiyūgaoka
自由之丘

- Las Luces sweets Café
- 古桑庵
- Mont St.Clair
- Parlour Laurel
- SHUTTERS
- Gateaux naturels Shu
- nana's green tea

Las Luces sweets Café

視覺、味道、口感一次到位

如果說一份優秀甜點的要素是視覺、味道、口感的完美結合，那麼這間Las Luces sweets Café所特製的招牌甜點Petits Gateaux Pintxos（一千兩百六十元日幣）就堪稱最完美的展現！

五個不同口味的一口迷你蛋糕，擺盤前方還附有每款口味所使用的素材，精美的外觀就令人好感度大增，再細細品嚐每種口味，更會驚奇地發現不同的絕妙滋味！像是開心果慕斯搭配檸檬奶油，還完美融合了杏仁風味，呈現沒有違和感的美味，每款蛋糕的口感溼潤度、甜度都拿捏得恰到好處。

另外也非常推薦「燒きたてパイ（tarte chaud du four）」（八百四十元日幣），這道因為是現做甜點，因此等待時間需要二十分鐘左右，外層用杏仁麵團製作，薄如紙般的餅皮再包入卡士達醬、冰淇淋、煮過的甜蘋果；沾醬則是馬斯卡彭起司，融入白葡萄酒及杏桃醬一起熬煮！

客人點餐後再現烤上桌，烤過後的微熱餅皮酥脆，搭配冰淇淋及酸酸甜甜的蘋果，沾一點特製的起司醬一起送入口中，口感層次豐富美妙。

需注意的是水果內餡的使用，也會依當季水果稍作調整！

Must Try

現烤酥熱的「燒きたてパイ」，由於是現點現做，需等上二十分鐘，但這份等待絕對值得！

DATA

地址｜東京都目黑區自由が丘 2-8-30
電話｜03-5729-3966
時間｜11:00-20:00
網址｜www.lasluces.net

31

古桑庵

隱身城市的道地日式甜品

從自由之丘駅出來，徒步約五分鐘左右就到了。一度看著地圖，以為找錯地方，因為門口的招牌實在是太不起眼了！

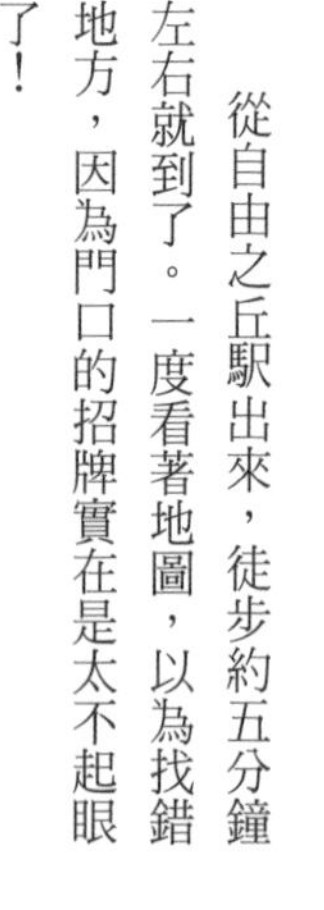

往內探入，首先映入眼簾是一片茂密樹林，沿著地上的石子路往內走幾步，就會出現藏身其中的古桑庵。整個空間完全是濃濃的日式風格，室內是榻榻米，需脫鞋。若有預定要前往的人，千萬要注意不要穿了雙破襪子才好！

古桑庵是間日式甜點專門店，除了氣氛古樸雅致，東西也非常好吃。最推薦的人氣商品是「Ice cream anmitsu」，裡面主要有當季的新鮮水果、蒟蒻、冰淇淋、紅豆泥，再淋上日式黑糖醬，非

DATA
地址｜東京都目黑區自由が丘 1-24-23
電話｜03-3718-4203
時間｜11:00-18:30（星期三休）
網址｜kosoan.co.jp

常爽口，讓人一口接一口完全停不下來！一個人高速吃完一份真是太過癮了。

一邊享用道地的日式甜點，一邊還能感受淡淡的榻榻米香以及悠閒的木造建物，大面落地窗襯著戶外秀雅景色，使人完全忘記身在城市中。喜歡日式甜點的人，絕對值得來一趟古桑庵，感受這份「結廬人境」的魅力！

Must Try

Anmitsu 甘味甜品是古桑庵的招牌人氣甜點，有當季新鮮水果、蒟蒻、冰淇淋、紅豆泥，再淋上日式黑糖醬，非常爽口。

32 Mont St.Clair

層次分明的無瑕蛋糕

如果對甜點稍有研究的人，應該對「辻口博啟」這名字並不陌生，從法國甜點大賽得到冠軍，一路紅回日本，陸續開了甜點美術館、茶屋、甜點專賣店等，甜點版圖越擴越大，而在自由之丘的 Mont St.Clair 更頻頻被雜誌推薦為必吃下午茶，不論何時前往，人潮永遠絡繹不絕。

每天都最早完售的人氣起司蛋糕，有著純白無瑕的外表，切開後卻呈現出層次分明的內餡，一點點的米菓融合莓果酸酸甜甜交錯的口感，外層鮮奶油也毫無甜膩感。不論是蛋糕或是馬卡龍都有極高評價，跟我一樣憧憬日本甜點的人，一定不能錯過辻口博啟的蛋糕店！

DATA

地址 | 東京都目黑區自由が丘 2-22-4
電話 | 03-3718-5200
時間 | 11:00-19:00(星期三休)
網址 | www.ms-clair.co.jp

馬卡龍也是非常人氣的商品，有的
馬卡龍還會印上不同的圖案呢！

Must Try

招牌起司蛋糕，有著純白無瑕的外表，卻有層次分明的內餡與口感，絕對讓你驚艷。

33

Parlour Laurel

甜點藝術的精采表現

Parlour Laurel 的甜點師傅是位非常可愛的老先生，來頭也不小！曾在法國世界盃甜點大賽榮獲第三名，並擔任過許多甜點賽事的評審，資深的甜點履歷和盛名，讓許多百貨紛紛前來邀請設櫃，但都被紛紛婉拒了，正因為師傅希望維持唯一蛋糕店的品質，這種把一生都奉獻給甜點的精神，深深令人感動！

我記得採訪當天，老師傅對我說：「甜點好吃，才是比什麼都重要的！」現場吃過之後，完全可以感受到他對甜點的用心。有著大膽鮮豔的用色，如同藝術品般的蛋糕，除了賞心悅目之外，每款都有相當豐富的口感及層次。

其中令我印象深刻的一款造型蛋糕，上頭裝飾著白色巧克力片，本來以為只是點綴之用，沒想到嚐起來令人驚豔！這種對於小細節的用心處理，讓蛋糕除了好吃，更達到甜點藝術的表現。

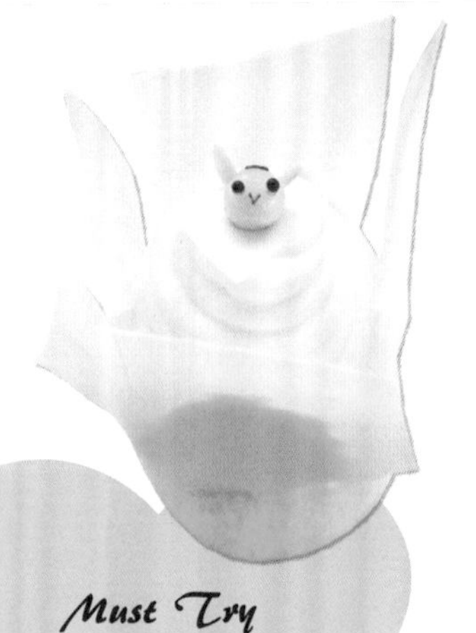

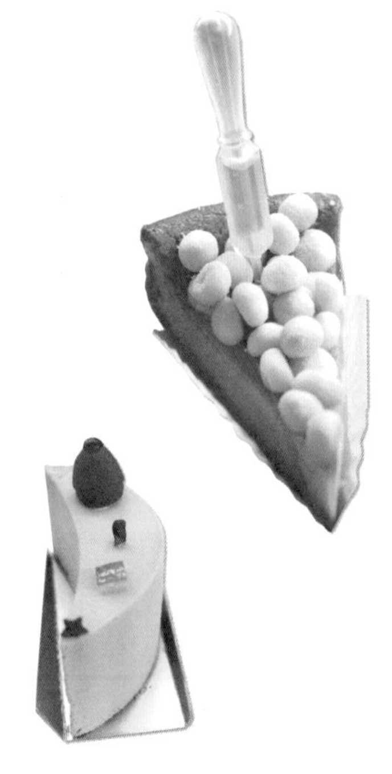

Must Try

上面有不明小動物的鮮奶油蛋糕，裡面包覆著多汁的鮮甜草莓。

DATA

地址｜東京都世田谷區奥沢 7-24-3
電話｜03-3701-2420
時間｜9:30-19:30
網址｜www.hotpepper.jp/strJ000864213/

34 SHUTTERS

在舌尖上漫舞的蘋果派

在東京小有名氣的SHUTTERS，大魚缸是每家分店的最大特色，讓顧客可以和魚群面對面的用餐呢！

最厲害的必點商品是豬肋排和蘋果派，豬肋排軟嫩多汁，有很多口味可供選擇。經典夢幻蘋果派，將烤得酥熱的蘋果派，蓋上一大球香草冰淇淋，香草氣味濃郁不甜膩；一刀切下蘋果派，發出鬆脆的聲響，扒開餅皮裡面是一塊塊熬煮過的甜蘋果，再挖起一口香草冰淇淋一塊融入嘴裡，冰與熱的結合是如此完美融洽，毫無違和感。

DATA

地址｜東京都世田谷區奧沢 5-27-15 1F
電話｜04-2229-7000
時間｜11:00-23:00
網址｜www.ys-int.com/index.html

蘋果派一共有六種口味，每種都很受歡迎：覆盆莓、藍莓、肉桂、楓糖、巧克力、焦糖，均一售價八百九十五元日幣，份量十足，兩個女生一起吃一份差不多；喜歡酸甜口感，可以像我一樣點覆盆莓或藍莓口味！

水族箱是 shutters 的主要特色，每間分店都可以看得到

Must Try

覆盆莓口味的現烤蘋果派，入口瞬間冷熱交錯的酸甜口感，彷彿在舌尖上迴旋漫舞。

35 Gateaux naturels Shu

絲緞般的細緻口感

從自由之丘車站出來，徒步約一分鐘就可以到達，Gateaux naturels Shu 有一、二樓寬敞的空間，這裡的蛋糕沒讓我留下什麼特別印象，但是他們的布丁卻很優秀，絲緞般的細緻口感，帶有香草、蛋和鮮奶的香濃，以及焦糖的甜味交錯，激盪出絕佳的味道！

布丁外形分成男孩、女孩兩種圖案，相同口味，同樣討喜可愛！

DATA

地址｜東京都目黑區自由之丘 2-10-4 1樓（自由之丘正面出口）
電話｜03-5731-7880
時間｜10:00-23:00
網址｜www.shu-group.com

Must Try

濃濃的香草布丁，擁有絲緞般的細緻口感，還能吃得到香草籽。

36 nana's green tea

精心配置出的美味

日本朋友推薦的好店，極具現代感的裝潢，有別於一般賣日式甜點的日式風格，在門口還一度猜不出賣的是什麼葫蘆，其實是一家抹茶甜點專賣店。

人氣甜點是抹茶日式聖代，玻璃杯內裝著不同餡料，做出多種顏色的美麗層次，上層的濃厚抹茶冰淇淋至白玉、綿密的紅豆泥，以及底層清爽的蕨餅，最後再淋上特製的抹茶醬。

精心配置好的順序，上層的抹茶冰淇淋和抹茶醬融化至下層，讓每款餡料又包覆上一層抹茶味，把抹茶的苦、冰淇淋的甜、白玉的Q軟，在嘴裡完美地融為一體！離開日本後，還常常讓我懷念起抹茶配上白玉湯圓，在嘴裡的Q彈咬勁呢！喜歡蕨餅的人，也一定要試試，撒上抹茶粉再淋上特製糖醬，非常美味，當天跟我同行的美食達人，對於這裡的蕨餅也讚不絕口呢！

DATA

地址｜東京都目黒區自由が丘 1-29-18
電話｜03-5701-3008
時間｜10:30-22:30（Sun 10:30-21:00）
網址｜www.nanaha.com

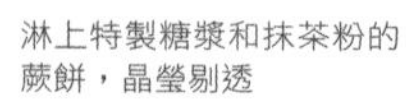

淋上特製糖漿和抹茶粉的蕨餅，晶瑩剔透

Must Try

抹茶口味的バフェ（聖代）是人氣商品，讓人一層層嚐出精心配置出的美味！

6

Tokyo 東京

- Marshmallow Elegance (ME)
- 茶寮都路里
- NOAKE
- 岩瀨牧場
- 半澤直樹倍返饅頭

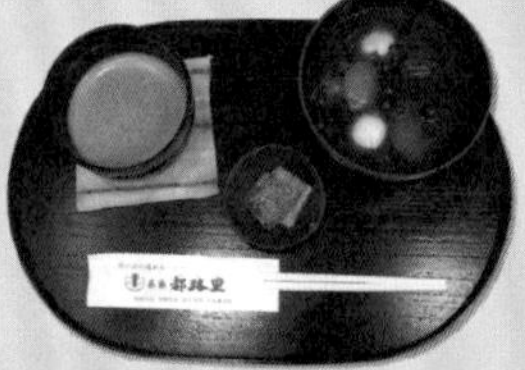

Marshmallow Elegance (ME)

超人氣新食感棉花糖

最近在日本、台灣都造成不小話題討論的新食感棉花糖，店面一看就非常繽紛可愛，完全是少女系的甜點！

甜點選項其實只有三款，其中最富人氣的商品是圓形水果口味的優格花糖，外層裹上一層像果凍般透明的水果醬，內餡則是濕潤Q軟的棉花糖，吃起來好似略酸的優格，Q黏口感十分特別。

DATA

地址｜東京都千代田區丸の內 1-9-1 JR 東京駅構內 B1 GRANSTA 內
電話｜03-3216-4560
時間｜11:00-21:00
網址｜www.marshmallow-elegance.jp/

像彩虹般繽紛的
水果棉花糖

Must Try

圓形水果口味的優格花糖，外層裏上果凍般透明的水果醬，搭配軟潤內餡，Q 黏又爽口。

另一款糖果外形包裝，吃起來像是牛奶糖，但甜度蠻高！長形包裝則是棉花糖加上米菓的組合，外層還裹上了巧克力！

每款包裝都非常「卡哇伊」，如果想要尋找東京特色伴手禮，是個不錯的選擇！不過東京都內只有這家店面，若要前往的人，要特別注意坐車到東京駅後，不要刷卡出站，因為店面在車站內。

38 茶寮都路里

一次滿足所有幸福感受

以茶著名的都路里，茶葉的選擇也非常多，很適合買來當伴手禮

去過京都的人，一定都知道「茶寮都路里」，茶寮都路里創立於一九七八年，起初是在祇園辻利開設飲茶道場，取名概念以：京都的「都」、四條大路的「路」、茶の里（宇治）的「里」所組成，顧名思義就是「以茶為本」！

京都共有三間店，東京店則是在東京車站旁的大丸百貨內，不用到京都也可以吃到道地的京都抹茶甜品。

一定要點的是招牌抹茶日式聖代，可以吃到抹茶蛋糕、Q軟的抹茶蕨餅、冰淇淋、白玉、奶油，以及細綿的紅豆泥，用料相當豐富！一口挖起不同配料，在口中融合一體，無違和感的完美組合，吃起來超滿足。

我的日本朋友非常推薦這裡的白玉紅豆湯，冬天時喝上一碗溫熱的甜湯，對日本人來說就是件最幸福的事！

店內也有販售許多抹茶伴手禮、茶具、抹茶蜂蜜蛋糕、冰淇淋、餅乾等，很適合買來送禮！

Must Try

招牌抹茶日式聖代，一口嚐到各種豐富配料，無違和感的完美組合，吃起來超滿足。

DATA

地址｜東京都千代田區丸の內1-9-1 大丸東京店10F（東京駅八重洲北口

電話｜03-3214-3322

時間｜10:00-20:00（L.O. 19:30）四、五：10:00-21:00（L.O. 20:30）

網址｜www.giontsujiri.co.jp/saryo/store/tokyo_daimaru/

NOAKE

好看又好吃的巧克力花束

DATA

地址｜東京駅 1F 八重洲北口商店街
電話｜03-3287-7076
時間｜平日 9：00 ～ 20：30、六日 9：00 ～ 20：00
網址｜noake.jp

開始是看到日本雜誌的介紹才知道這家店，NOAKE 雖然在東京沒有很多分店，但口耳相傳之下，還是吸引許多人特地前往。

蛋糕、雲菓、巧克力都是人氣商品，雜誌上推薦的「雲菓」，吃起來就像是精緻版的棉花糖，有莓、抹茶、咖啡三種口味。

我個人最喜歡巧克力球花束，做成棒棒糖的巧克力，一隻隻包裝成花的形狀，相當賞心悅目，很多人拿來當成婚禮的小禮物呢！每款巧克力口味都有絕妙的搭配，咬開外層後裡面包著不同的內餡，就算是洋梨＋蜂蜜、檸檬＋牛奶這麼意想不到的組合，也好吃得令人驚喜，高質感又不甜膩，好看又好吃！

東京櫃只限外帶，想要內用的話可以前往淺草的 NOAKE 咖啡廳。

Must Try

精緻美味的巧克力球花束，相當賞心悅目，不論送禮或自吃都是很棒的選擇。

40 岩瀨牧場

一掐就會出水的人氣蛋糕

在北海道擁有自己牧場的「岩瀨牧場」，主要生產牛乳，同時使用無成分調整的生乳，製成忠於自然原味的各項乳製品。

東京KITTE店限定推出的「ほっかほかチーズ」（熱騰騰起司），在網路上引起一陣高度討論；加熱後的濃厚起司還會牽絲，美味到令人難以抗拒，當然冷的時候也可以吃，只是味道沒有加熱後濃郁。

除了限定的熱起司，個人另外比較推薦的是——人氣起司蛋糕。正方形的單人份包裝，吸滿水分的蛋糕柔軟綿密，一掐就好像會出水一樣，有點像是起司味濃郁的海綿蛋糕，口味絕佳！

DATA

地址｜東京都千代田區丸の內 2-7-2 KITTE 百貨內 B1
電話｜03-6256-0814
時間｜11:00-21:00（週日、國定假日 11:00-20:00）
網址｜www.iwasefarm.co.jp/kitte/index.html#id78

Must Try

有兩種吃法的起司，冷熱皆宜，加熱後的熱騰騰起司濕綿滑順，還會牽絲，非常香濃。

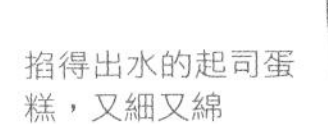

掐得出水的起司蛋糕，又細又綿

Must Try

「半澤直樹倍返饅頭」，
絕對讓你成為排隊高手！

41 半澤直樹倍返饅頭

好吃到讓你加倍造返

本世紀收視率最高的日劇「半澤直樹」，在日本創下46.7的驚人高收視！其中半澤的一句「加倍奉還」成了家喻戶曉的經典名句。

日本TBS電視台的商店順勢推出了「半澤直樹倍返饅頭」，以及一系列半澤周邊商品造成一股搶購潮！

半澤饅頭每一次限購兩盒，通常在十點開店前就已經有驚人的排隊人潮了！日本是全世界最愛排隊的民族，記得我大約是排了將近兩個小時才買到，我覺得我越來越像日本人了（笑）！

貼心小提醒：在饅頭販賣時段，無法直接購買其他周邊商品！如果只是想要購買周邊商品，建議下午或傍晚再前往，避開排隊人潮！

DATA

地址｜東京都千代田區丸の內1-9-1東京駅一番街B1F
電話｜03-6273-8216
時間｜10:00-20:30
網址｜ishop.tbs.co.jp/tbs/

1

Omotesando 表參道

- Q-Pot.café
- PIERRE HERME PARIS
- Anniversary
- YOKU MOKU
- Peltier

42 Q-Pot.café

3D影像感十足的美味

連桌椅都是美味的餅乾

DATA

地址｜東京都港區北青山 3-10-2 1F
電話｜03-5467-5470
時間｜11:30-20:00
網址｜www.q-pot.jp

門口神秘感十足的裝潢，到內部像童話故事一般的格局，加上整體音樂、擺飾、餐桌椅的營造下，「Q-Pot.café」完全給人一種置身童話夢境的錯覺！

延續童話風格的餐點，甜點與特製影像盛盤的結合，就像一張立體漫畫一樣，呈現出公主禮服搭配馬卡龍項鍊，或是戴上馬卡龍戒指的畫面，創意十足，非少女系的我都驚呼超可愛。

我點的 Berry Macaron 是粉紅色的大馬卡龍，夾著水果和鮮奶油，點綴幾顆彩色糖球，看起來就像珠寶盒一樣；大量的新鮮莓果，配上不甜膩的奶油，連同酥軟的馬卡龍一口咬下，酸甜酥香的口感超級美味，讓人見識到馬卡龍的驚人魅力。

印象中，外形特別的甜點都不會好吃，但 Q-Pot 的甜品不僅造型可愛，也有不錯的口感，有機會還可以嚐嚐不定期推出的限定口味！

另外，Q-pot 的飾品在日本非常知名，咖啡廳對面也有整棟的 Q-Pot 周邊商品專賣，但價格都不太親切就是了！

Must Try

Berry Macaron 粉紅色的大馬卡龍，酸甜酥香的口感超級美味，你一定要來體驗的驚人魅力。

43 PIERRE HERME PARIS

非吃不可的玫瑰馬卡龍

源自法國的PIERRE HERME PARIS，被譽為甜點界的畢卡索，傳承至今已是第四代，業界擁有極高美譽！

目前在亞洲區僅香港及東京有設櫃，最有名的就是馬卡龍，特色是可以吃到兩種不同口味組合的馬卡龍，變化豐富，內餡飽滿，酥軟的外殼幾乎無需費力就可以咬下，重點是不會過甜。

DATA

地址｜東京都涉谷區神宮前 5-51-8　1、2F
電話｜03-5485-7766
時間｜1F Boutique 11:00-20:00
2F Bar chocolate 12:00-20:00 (last order 19:30)
網址｜www.pierreherme.co.jp

我試過不少馬卡龍，也常常被一般死甜的糖霜和超硬的外殼嚇到！直到吃過PIERRE HERME PARIS，才讓我對馬卡龍整體改觀。放大版的玫瑰馬卡龍是我的最愛，可以直接聞見玫瑰淡雅的香味，內餡包滿了覆盆莓、玫瑰鮮奶油以及清甜荔枝，化成超好吃的組合，簡直是——甜點界的經典，讓你不用專程飛法國，既然到日本就絕對值得特地來一趟！

除了馬卡龍，法式千層派（八百四十元日幣）也千萬不要錯過，每種口味都是人氣商品，派皮極為香酥且細緻，內餡的果醬及水果完全吃得到天然的鮮甜和香氣！

Must Try

玫瑰馬卡龍裡面包了荔枝、玫瑰奶油、覆盆莓，清爽不甜膩的好質感，非常推薦，來到日本絕對非吃不可！

44 Anniversary

賣萌蛋糕超美味

店名譯名為「紀念日」，嚴選素材製成新鮮蛋糕，就是為了每個重要的紀念日而誕生！在日本留學時，無意間在某本甜點書封面，看到了超可愛的小兔子蛋糕，二話不說立刻前往購買，柔軟不甜膩的美味再次讓我驚呼：「怎麼可以這麼好看又這麼好吃！」

DATA

地址｜東京都港區南青山 6-1-3 1F
電話｜03-3797-7894
時間｜11:00-19:00（星期一休）
網址｜www.anniversary-web.co.jp

擁有許多表情豐富的動物蛋糕，是這裡最主要的甜點特色；不同的分店，會推出各店的限定動物蛋糕，有時還會舉辦人氣動物票選！二〇一三年六月富士山被列入世界遺產時，也特別推出富士山造型的蛋糕，非常受到歡迎。

這裡使用的日本鮮奶油清爽不膩口，蛋糕濕潤綿密，內餡層次豐富，不同造型包覆不同的新鮮水果和餡料，想吃可愛又好吃的蛋糕，就來趟「紀念日」吧！

Must Try

每款動物蛋糕的口味都不同，例上方的白色不具名動物是半熟起司口味，不僅討喜又美味！

各種造型精緻的蛋糕，已經是種藝術品了！

YOKU MOKU

酥香高雅的葉子卷

YOKU MOKU是日本相當有名的老牌子，明星人氣商品就屬「葉子卷」，也有人稱之「雪茄卷」，機場都可以買到，是很知名的伴手禮。

葉子卷有點像是台灣蛋捲，但精緻及美味程度則是大大勝出！

烘培後的金黃色澤，光看就令人垂涎，當中使用了北海道天然奶油，打開包裝就聞得到濃濃奶香，吃起來酥脆又帶有厚實感，有別於一般蛋捲較不易掉屑，用高雅來形容最適合不過了！最推薦原味，另有巧克力和咖啡口味。

此外，水果果凍也是YOKU MOKU的人氣商品，可以吃到飽滿大顆的果肉，包裝精緻、色

DATA

地址｜東京都港區南青山5-3-3

電話｜03-5485-3330

時間｜10:00-19:00

網址｜www.yokumoku.co.jp

彩繽紛。青山本店也設有YOKU MOKU咖啡廳，可以享用下午茶。

還記得從日本學校畢業那天，日本老師也是選了YOKU MOKU的葉子卷，作為送給大家的離別小禮物呢，至今仍是印象深刻！

Must Try

葉子卷是yoku moku的招牌，選用北海道天然奶油，打開包裝就聞得到濃濃奶香，入口酥脆又厚實。

46 Peltier

瞬間在嘴裡化開的大雪球

在表參道上精美挑高的Peltier，是許多貴婦下午茶的最愛！フィナンシェ（費納許）雖是他們百年老字號的招牌商品，但我最推薦的甜點，其實是另一款招牌プランセス（princesse）。

外表看起來是一顆純白潔淨的大雪球，忍不住好奇裡面的內容物又是什麼味道！本來以為是某種海綿蛋糕，但切開時卻發出一聲鬆脆的響聲，嚐起來則介於餅乾和蛋白霜之間的微妙口感，帶有淡淡的杏仁香，中間夾有一層香草口味的鮮奶油，完全不甜膩，幾乎不需費力咀嚼，就瞬間在嘴裡化開！再搭配一杯大吉嶺熱紅茶，真的棒呆了。

與我同行的朋友，回台灣後還念念不忘那美味的プランセス呢！

DATA
地址｜東京都涉谷區神宮前 6-2-9
電話｜03-3499-4791
時間｜10:00-20:00
網址｜www.juchheim.co.jp

Peltier 的巧克力也是店自慢商品

Must Try

プランセス（princesse），像是純白潔淨的大雪球，卻結合出多層次的美妙新食感。

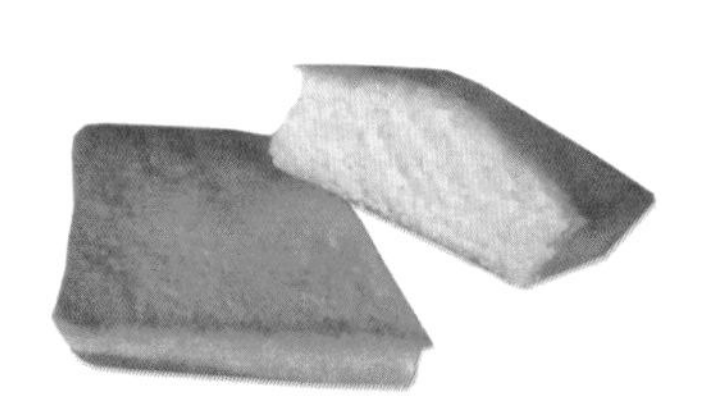

8

Daikanyamacho 代官山

- MAISON ICHI
- 松之助 N.Y.
- Ivy Place

MAISON ICHI

蓋滿玫瑰花瓣的甜塔

這是我非常喜歡的一家麵包輕食店，在日本美食評比網站上也獲得極高肯定，最有名的其實是這裡的麵包類，每款麵包都是人氣商品，常常到下午，架上就銷售一空！

除了麵包好吃之外，烤成長方形的塔類甜點也非常特別！店家推薦「大黃根紅茶」口味，真是意外的美食，因為台灣沒有產大黃根，所以對名字較陌生，更難把大黃根跟甜點聯想在一起，呈現粉紅色的大黃根吃起來酸酸甜甜，在國外很常被拿來做成甜點。

烤得香酥的塔皮，鋪上粉紅色的大黃根，看起來就像蓋滿玫瑰花瓣一樣，酸甜交錯的口感，每咀嚼一口就在嘴裡散出紅茶香，令人越嚼越香。

DATA

地址｜東京都涉谷區猿樂町 28-10
電話｜03-6416-4464
時間｜8:00-22:00
網址｜blog.goo.ne.jp/maison-ichi

「天啊！我真是太愛這個派了！」說真的，好吃極了呢！因為麵包跟甜點都是超人氣商品，到下午就很容易完售，建議前往時間不要安排太晚喔！

Must Try

紅茶大黃根塔是最熱賣的口味，就像蓋滿玫瑰花瓣的甜塔，在台灣不容易吃到大黃根的甜點，一定要點來吃吃看！

松之助 N.Y.

最道地的美式蘋果派

在充滿綠意的代官山，悠閒地隨處逛逛，同時尋訪隱而不顯的特色咖啡廳，享受一個美好的下午茶時光，是我在日本期間最喜歡的活動。

這家松之助就是我常光顧的店之一，招牌甜點是美式口味的蘋果派；師傅因為在美國留學時，吃了朋友媽媽做的蘋果派，被它的美味打動，因此把一模一樣的蘋果派帶回日本。

Must Try

香酥的蘋果派，吃得到蘋果本身的自然氣味，如果來到代官山，一定要來嚐嚐道地的美式甜點。

DATA

地址｜東京都涉谷區猿樂町 29-9
電話｜03-5728-3868
時間｜9:00-19:00
網址｜www.matsunosukepie.com

美式蘋果派甜度較低，主要強調蘋果本身的自然味道，有著鬆脆派皮，用料十足，熬煮後的蘋果微酸香甜，每一口咬下都可以吃到大顆飽滿的蘋果。雖然一年四季都有賣蘋果派，在十到十二月產期間，還能夠吃到五種不同類別的蘋果派呢！

口感厚實濃郁的紐約起司蛋糕、巧克力蛋糕，也是招牌人氣商品。另外，每日只供應到下午五點的限量「花園水果鬆餅」，跟一般鬆餅口感很不同，吃起來竟像蛋糕一般綿密，淋上楓糖醬後再搭配水果鮮奶油，宛如天堂般的美妙滋味，非常受到女性朋友的歡迎，現場每個人桌上幾乎都點一份呢！

Ivy Place
超濃厚生巧克力蛋糕

DATA

地址｜東京都涉谷區猿樂町 16-15 DAIKANYAMA T-SITE GARDEN
電話｜03-6415-3232
時間｜7:00- 凌晨 2:00
網址｜tsite.jp/daikanyama/store-service/ivyplace.html

來代官山的人，一定不能錯過被喻為全日本最美書店的「蔦屋書店」，當建築發展已達臻一個極致後的日本，近年來的建物風格漸漸趨於追求心靈的自由空間。建築巧妙的隱身在綠意中，在這裡幾乎感覺不到建築的量體，只有自在無拘束的自然感。

Ivy Place 也是這裡最著名的餐廳，相當推薦這裡的鬆餅，鬆軟略有Q勁的餅皮，搭配新鮮水果和鮮奶油，清爽口味非常受到歡迎。另外濃厚的生巧克力蛋糕佐焦糖醬也很不錯，焦糖與微苦的巧克力搭配得宜，再挖上一口香草冰淇淋一起吃，真是過癮極了！

裝潢雅致、環境舒服、餐點優秀，難怪不論早中晚生意都非常好，不想排隊的話，建議可以挑一些冷門時段前往，也可接受預約。

Must Try

生巧克力蛋糕的濃厚口感，搭配焦糖醬、香草冰淇淋，融化在舒適怡人的氛圍裡，真是一大享受！

9

Takadanobaba
高田馬場

Mejiro
目白

- AIGRE DOUCE
- カンタベリー
- 青柳
- 鳴門鯛魚燒

AIGRE DOUCE

充滿楓糖香氣的磅蛋糕

日本相當知名的甜點大師「寺井則彥」，在東京開設唯一蛋糕店面AIGRE DOUCE，傳說是日本最好吃的常溫蛋糕，曾經有遊客一次買了十萬台幣的蛋糕呢！

AIGRE DOUCE 除了有賣法式蛋糕，最受歡迎的就是細長的磅蛋糕，磅蛋糕起源於英國傳統，食材使用麵粉、雞蛋、細砂糖、奶油各一磅（約453.6克）因而得名，在台灣最常直接叫奶油蛋糕！

長度二十公分，寬高各四公分，蛋糕師傅表示這是最容易一口吃下的大小！我買了一款「紅茶楓糖口味」，光是打開包裝就可以聞到香甜的楓糖味，溫和濕潤的鬆軟口感，每嚼一口都在嘴裡散發出高雅的紅茶香氣！

低甜度的楓糖配上紅茶香，不甜膩的美味，忍不住讓我一口接著一口，本來只是要試試味道，不小心就吃掉了一整條蛋糕，如果再搭上一杯茶或咖啡，真是再好不過了！

蛋糕的口味選擇非常多，每款都是人氣商品，也會依季節不定時推出限定款！

地址｜東京都新宿區下落合 3-22-13
電話｜03-5988-0330
時間｜10:00-19:00(星期三休)
網址｜patisserie.cake100.net/3.html

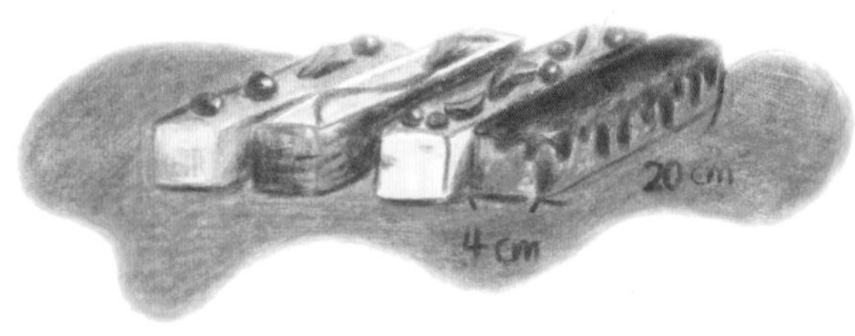

Must Try

紅茶楓糖口味的蛋糕，高雅的
紅茶香氣在口中越嚼越香！

カンタベリー

柔軟細緻的草莓蛋糕

カンタベリー是一家舊式洋房風格的輕食咖啡廳，上午時段有供應三明治、義大利麵的早午餐組合，味道不錯，價格也很合理（套餐約六百至八百元日幣）。除了早午餐之外，店家自製的蛋糕也十分優秀。

蛋糕款式沒有特別華麗，口味也很基本，但是每種卻都意外的好吃，一開始品嚐起司蛋糕，像慕斯的綿密口感讓人驚豔，後來又吃了基本款的草莓蛋糕，除了草莓本身的香甜，蛋糕也很濕潤，呈現柔軟細緻的感動！

雖然不是什麼名店，裝飾也十分樸實，卻感受得到店家想把蛋糕做得好吃的用心，在日本留學期間，我可是經常光顧的熟客呢！可惜的是沒有禁煙的室內空間，我想，外帶會是比較好的選擇！

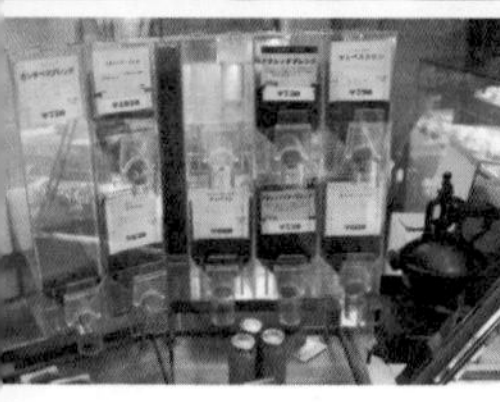

Must Try

基本款草莓蛋糕，吃得到柔軟細緻的感動，令人留下深刻的印象。

日本沒有台式早餐店，想吃三明治的時候，我就會來這吃早餐！

DATA

地址｜東京都新宿區高田馬場1-26-5 B1F
電話｜03-3208-5755
時間｜8:00-22:30
網址｜暫無

52

青柳

吃得到新鮮栗子的饅頭

在日本人心目中地位極為崇高的動漫大師——手冢治虫，因其著名作品「原子小金剛」主角的出生地，以及手冢治虫的製作公司都位於高田馬場，因此車站周圍、街道牆面、電線竿等，都可以看到手冢治虫的漫畫角色，讓車站旁的風景都生動活潑了起來！

JR線也在二〇〇三年，將高田馬場的發車音樂，改為原子小金剛的主題曲呢！

DATA

地址｜東京都新宿區高田馬場 4-13-12
電話｜03-3371-8951
時間｜10:00-19:00（星期日休）
網址｜www.babanishi.com/kakutenpo/syokuzai/aoyagi/

走入這個充滿懷舊感的手冢治虫城市，也別忘了來青柳買原子小金剛的饅頭，有豆沙餡和栗子餡兩種口味。青柳是專賣和菓子的老店鋪，也是唯一授權販售原子小金剛饅頭的店家；栗子饅頭是店家最推薦的人氣商品，原子小金剛本人就是栗子口味，只有高田馬場限定販售，用料扎實，還可以吃到新鮮的栗子顆粒呢！

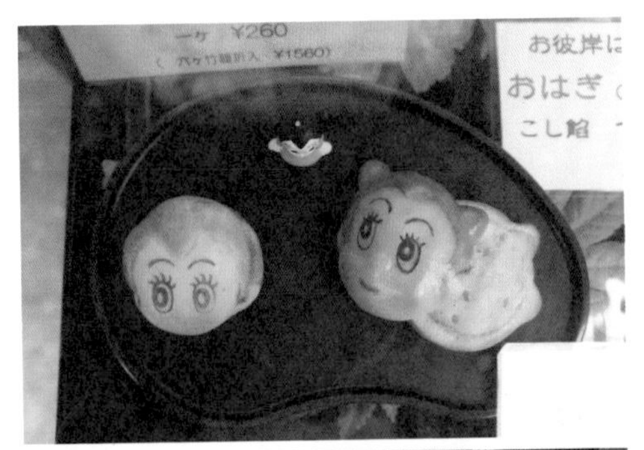

Must Try

原子小金剛饅頭，是店家最推薦的人氣商品。

鳴門鯛魚燒

絕對讓你愛上的鯛魚燒

日本唸書期間，每天上學途中一定會經過這間鯛魚燒店，每次經過聞到那陣陣飄來的現烤香氣，都會讓我忍不住回頭跟他買一個！

烤鯛魚燒的師傅總是很熱情開朗，對著來往的民眾邊喊「歡迎光臨」，一邊熟稔快速的把鯛魚燒翻面，日復一日不停地重複著，也從沒感覺到任何倦怠。也許是被他充滿熱忱的態度所打動，想起鯛魚燒，總感到一股溫暖親切的印象！

現烤的鯛魚燒色澤金黃，香氣濃郁，外層的皮烤得薄透酥脆，中間夾有一層Q軟的麻糬，一口熱熱脆脆的咬下，飽滿的麻糬與綿密紅豆幾乎快要溢出，真是太滿足了。

嚴格說來，一般的日式點心對台灣人來說都算是偏甜，所以日本人吃點心通常會再搭配一杯無糖熱茶，說也奇怪，配上熱茶後的甜點，就甜得非常有理了！行程小建議：如果來吃鯛魚燒的人，千萬別錯過隔壁「三ツ製麵所」的起司沾麵噢，這是我在日本最推薦的拉麵之一，彈牙的麵條絕對會讓你再來一碗！

Must Try

一口咬下熱熱脆脆的鯛魚燒，絕對讓你滿足到愛不釋手。

DATA

地址｜東京都新宿區高田馬場 2-2-1
電話｜03-3232-6566
時間｜10:00-22:00
網址｜www.taiyaki.co.jp

10

Ikebukuro 池袋
Ogikubo 荻窪

- Berry Parlour
- La Famille
- 和 cafe こころね

54 Berry Parlour

盛綻如花的芒果聖代

Berry Parlour 是我非常喜歡的一家甜點店，主要以水果甜點著名，嚴選每個區域最頂級的水果製成各種甜點。

招牌商品是芒果聖代（一千八百元日幣），使用新鮮的芒果堆疊出玫瑰花，華麗的盛開在聖代上，精緻華麗的外形，實在讓人捨不得破壞。裡面使用了香濃的焦糖冰淇淋，甜而不膩，底層還有香酥的杏仁片，真是好吃極了，每一口都讓人感到超幸福！

每款甜點可說是藝術品的呈現，不論在外形及口味上都非常優秀，雖然單價有點高，卻相當值得。目前只有池袋店面限定販售，店內還有十二星座專屬的茶包，每款星座都有專屬味道，包裝精美，買來送禮也非常體面！

DATA

地址｜東京都豐島區南池袋 1-28-1 西武池袋本店 7F
電話｜03-5954-7263
時間｜一～六 10:00-21:00 （日＆假日）10:00-20:00
網址｜www.cafe-commeca.co.jp

Must Try

芒果花瓣盛開在聖代上，像藝術品一般，給你視覺與味蕾的雙重享受！

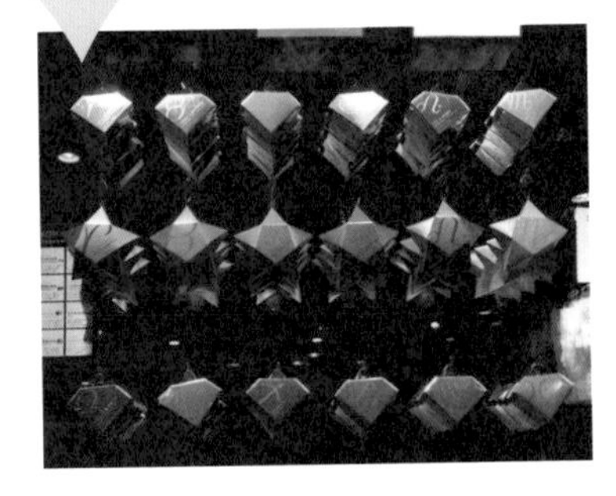

55 La Famille

濕潤綿密的戚風蛋糕

Must Try

野菜口味的戚風蛋糕，吃得到番茄、南瓜、野菜、檸檬氣息，清爽美好的組合，是店內的人氣口味。

DATA

地址 | 東京都豐島區西池袋 3-4-6 1 樓
電話 | 03-5958-0431
時間 | 10:30~18:30
網址 | www.la-famille.com

著名的池袋西口公園旁，這家戚風蛋糕專賣店，每天大概下午三點過後，蛋糕就幾乎銷售一空了。

戚風蛋糕的口味非常多，紅茶、巧克力、香蕉、檸檬等多達數十種選擇。因為前往當天受到老闆娘親切的招待，意外讓我吃到多種口味的戚風蛋糕。

我真是愛死這裡了！很少吃到這麼濕潤綿密的戚風，用手掐起來的觸感，幾乎接近蛋糕的質感了！紅茶口味的戚風，直接可以聞到高雅的紅茶香氣；店裡高人氣的熱賣商品野菜口味，也可以明顯地吃到番茄、南瓜、蔬菜和檸檬氣味！

起初對野菜口味沒有多大興趣，但香氣濃郁的清爽口感，實在忍不住一口接著一口，本來還以為會吃不下太多蛋糕，最後竟然一口都不剩！

老闆娘在台日都有出版戚風蛋糕的教學書籍，也曾受邀前往台灣教學戚風蛋糕製作法，店內也有開授甜點烘培課程，有興趣的朋友可以前往報名。

和cafe こころね

抹茶控必嚐的蛋糕卷

在日本雖然很容易吃到日式甜點，但是這家專賣創意日式甜點咖啡廳，結合了日式口味及西式的蛋糕呈現，讓日式的抹茶口味做成甜點有了更多的變化！

最推薦抹茶系列蛋糕，每款抹茶都是非常大人味的深抹茶口味，其中的抹茶蛋糕卷是我的最愛，帶有茶香的蛋糕體非常濕潤鬆軟，裡面滑順清爽的抹茶鮮奶油放入嘴裡後，竟然立即化開，只剩留在嘴裡的抹茶香氣！更驚喜的部分在後頭，奶油中間鑲有一塊深抹茶巧克力，柔滑高雅口感，真是大大的滿足！

如果是抹茶控，一定要來試試看這番絕妙滋味。抹茶系列甜品都十分推薦，也會不定期推出季節限定，但好不好吃就要碰碰運氣了！

Must Try

成熟大人味的深抹茶蛋糕卷，抹茶控一定會深深愛上它。

DATA

地址｜東京都杉並區上荻1-7-1 LUMINE 5F
電話｜03-6915-1154
時間｜11:00-22:00
網址｜暫無

11

Nippori
日暮里

- やなかしっぽや (yanakasippoya)
- 江戸うさぎ

57

やなかしっぽや（yanakasippoya）

令人停不了口的貓尾巴

DATA

地址｜東京都台東區谷中 3-11-12
電話｜03-3822-9517
時間｜10:00-19:00
網址｜yanakasippoya.com/index.html

如果想要更深入暢遊東京，那麼在日暮里站旁，保有舊式民區風格的「貓町」是一個非常不錯的選擇！

因為這一代常常有貓出沒，因此稱之為貓町，而最著名的就是這裡的谷中銀座商店街；整條商店街都可以發現貓的足跡，但只有這家「やなかしっぽや」販賣跟貓有關的甜點。

這家甜點稱作donut，只是把形狀做成貓尾巴的長條造型，口味選擇有卡士達、巧克力、栗子、草莓、季節限定等共十幾種，每款貓尾都有不同的花紋，有的還會印上貓的腳印！

現烤的貓尾散發濃濃的卡士達香氣，熱呼呼的香酥外層，內裡的蛋糕微濕鬆軟，每種口味都好好吃，再配上一杯日式熱茶，就是一份最棒的點心組合了。

一條單價都在一百二十元日幣左右，因為每個都太可愛了，每次都難以決定要買哪一款，回台灣後還會常常懷念起貓尾的香酥柔軟口感呢！

Must Try

現烤的貓尾散發濃濃的卡士達香氣，外酥內軟，令人停不了口。

58 江戸うさぎ

紅豆泥！超好吃的妖怪大福

在網路引發高度討論的超可愛妖怪大福，店面很低調的隱身在日暮里車站旁的社區中！

店裡販賣的東西很單純，只有妖怪大福、現做黑糖饅頭、仙貝冰淇淋。妖怪大福一年中會吃到不同的當季新鮮水果內餡，冬季包草莓，夏天可以吃到金桔，有時候還會遇到栗子！

新鮮多汁的大顆果肉，Q軟的麻糬及細綿的紅豆泥組合，不僅外型討喜，口味也一點都不馬虎。現做的黑糖饅頭便宜又好吃，也是人氣商品，很多人都會特地來外帶呢！

現做的黑糖饅頭口味跟市面盒裝現成的完全不一樣，皮薄光亮，饅頭也不會過乾，一口大小的分量，不自覺就一顆接著一顆；低甜度的饅頭就算沒有配茶也不會膩口，只是可能會有不小心吃過多的風險喔！

仙貝冰淇淋也是一項只有這裡才吃得到的商品，把仙貝磨成細粉，加入濃郁的香草冰淇淋中，搭配出一種鹹甜鹹甜的奇妙口感，是會令人不自覺想念起的特別口味呢！

Must Try

妖怪大福不僅外形討喜，麻糬外皮Q軟，內餡使用了當季新鮮水果，一口咬下多汁又好吃！

DATA

地址｜東京都荒川區西日暮里 2-14-11
電話｜03-3891-1432
時間｜9:00-18:00
網址｜shop.omiyage-daito.com

12

Akihabara 秋葉原 Skytree 天空樹

- 櫻 café 向島
- 和菓子松屋

櫻café向島

觀賞景點也可以用吃的！

天空樹幾乎是來東京必經的行程，原是做人形燒起家的櫻café，是一家傳統結合創意的甘味喫茶店，店內目前最人氣的商品，是以晴空塔為發想，推出的「東京晴空塔千分之一高度聖代」（一千八百元日幣），經由許多媒體熱烈報導後，已經成為另類的新晴空塔景點了！

聖代高度高達六十三點四公分，十分驚人壯觀！有抹茶及莓乳酪兩種口味。聖代上面蓋上了一層網狀的糖霜，裡面則有冰淇淋、白玉、水果、奶油等相當豐富的用料！高大的晴空塔聖代，足足是六人食用的巨大分量；如果怕吃不完，可以選擇迷你尺寸的一般聖代，有巧克力、抹茶跟優格三種口味，上面都會附上一枚櫻花人形燒，櫻花燒是Q軟的麻糬內餡！

櫻花造型的人形燒也是店內的自慢商品，吃完聖代後，還可以外帶一盒回去孝敬父母喔！

Must Try

高達六十三點四公分的「東京晴空塔千分之一高度聖代」，來趟美食景點賞味之旅吧！

DATA

地址 | 東京都墨田區業平 1-17-5
電話 | 03-6658-8435
時間 | 10:00-19:00(L.O. 18:30)（不定休）
網址 | www.sakuracafe-mukoujima.com

60

和菓子松屋

「新」食感的乾蜂蜜蛋糕

傳統的和菓子老店，除了賣最中（傳統日式點心）、和菓子之外，還可以在這裡發現一款非常特別的蜂蜜蛋糕，我個人稱之「乾蜂蜜蛋糕」，無水分的蛋糕拿起來意外的輕盈，打開包裝時也可以聞到濃濃的蜂蜜香氣，但是質地卻是酥酥脆脆，咬起來卡吱卡吱的，令人越嚼越香，味道甚至不會遜色於一般蜂蜜蛋糕。一吃就立刻上癮，很適合拿來當零嘴吃，是一種蜂蜜蛋糕的新食感！

Must Try

新食感的蜂蜜蛋糕，完全沒想過的口感，讓人完全推翻對蜂蜜蛋糕的印象！

DATA

地址｜東京都千代田區神田松永町1（東口）
電話｜03-3251-1234
時間｜不定休
網址｜暫無

13

simokitazawa
下北澤

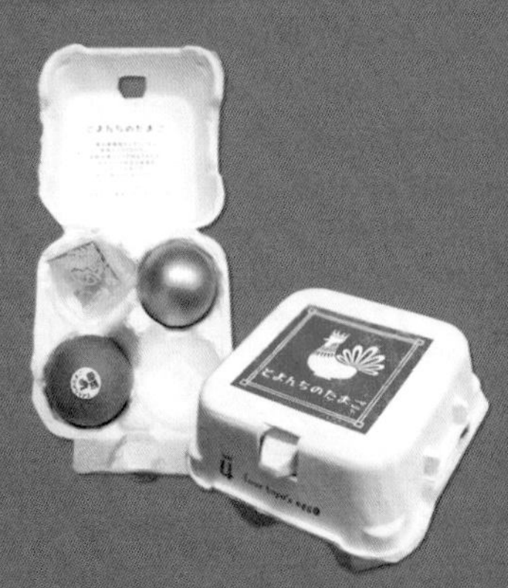

- アントレア
- とよんちのたまご

61 アントレア

可麗餅的內行推薦

下北澤是許多年輕人的購物天堂，喜歡特色古著衣的人一定會到這裡來挖寶。

在這裡有一家只有日本人才知道的可麗餅小店，是我許多日本朋友的內行推薦，這家店甚至沒有招牌，但遠遠的就可以看到排隊人潮。

這家可麗餅最大特色是有抹茶口味的餅皮，以及配料選擇完全可以視個人喜好搭配，每加一種配料只需加五十元日幣。

DATA

地址｜東京都世田谷區代田 6-5-25
電話｜03-3468-2597
時間｜13:30-24:00
網址｜暫無

軟式的抹茶餅皮邊緣是微焦的香酥口感，吃得到淡淡的抹茶香氣，光是餅皮就非常優秀。視個人喜好搭配的內餡，我選用香蕉巧克力加上生奶油、起司。甜而不膩的日本生奶油，與整塊扎實濃厚的微鹹起司，配上香蕉和巧克力的甜味，好吃得令我驚豔不已，是我吃過最好吃的日式可麗餅！

這裡的營業時間也很特別，開到晚上十二點，一般東京百貨店面通常只營業到八點，如果八點後沒地方去的話，下北澤的美味可麗餅，是個很不錯的行程喔！

Must Try

軟式的抹茶餅皮邊緣是微焦的香酥口感，好吃的令我驚豔不已。

62

とよんちのたまご

嚴選素材的純味布丁

為了生產高鮮度的優質雞蛋，「Toyo's Tama」自一九五六年起就開始培育自家雞。位於千葉縣的養雞場，定期的雞舍清潔、細菌檢驗等，嚴選健康的食物和優質的水飼養，用一切高規格的雞隻管理、細心照料，只為了產出最優質鮮美的雞蛋。

食物本身的素材，大大決定了食物的美味度，使用最高等級培育出來的雞蛋，製成的布丁是人氣商品，口感柔細順滑不說，香濃的雞蛋原味在嘴裡蔓延開來，不禁令人直呼：「這也太好吃了吧！」

DATA

地址｜東京都世田谷區北沢 2-37-16
電話｜03-5790-9385
時間｜10:00-20:00
網址｜www.toyo-tama.net

綿密的年輪蛋糕，濃濃蛋香的濃厚口感

非常的入味的煙燻口味金蛋、銀蛋

除了香濃的雞蛋原味，還有香蕉、抹茶、巧克力三種口味，以及雞蛋製成的年輪蛋糕，有點像海綿蛋糕的口感，一樣香氣濃厚，也是店裡主打商品！

除了甜點之外，也有一般雞蛋、煙燻金蛋、銀蛋、溫泉蛋的販售：煙燻口味吃起來像是茶葉蛋；溫泉蛋還會附上一小包柴魚口味的淋醬，可以直接當點心吃。購買時店家還會附上專門的雞蛋紙盒，非常討喜可愛！

Must Try

人氣商品布丁，嚴選培育出來的最高等級雞蛋所製成，大大提升食物的美味度。

東京甜點散步
手繪地圖輯

Shibuya
涉谷

A PABLO
B 宇田川カフェ suite
C ONE PIECE 草帽商店
D CANDY SHOW TIME SHIBUYA
E GONTRAN CHERRIER
F 然花抄院
G 青木定治
H よーじや café
I SUZU CAFÉ

C
I
B
A
E
D
FGH
神南小学校下
PARCO PART1
宮下
神南一丁目
井の頭通り
東急百貨.本店.
FOREVER 21
井ノ頭通り入口.
SEIBU
道玄坂二丁目
道玄坂二丁目東
109 MEN'S
109
道玄坂下
渋谷前駅.
渋谷警察署.
宮益坂下
忠犬ハチ公像
ハチ公口
東口
東急百貨
東横店.
渋谷駅
中央口
西口
Hikarie
ShinQs
渋谷駅西口.
六本

Shinjuku
新宿

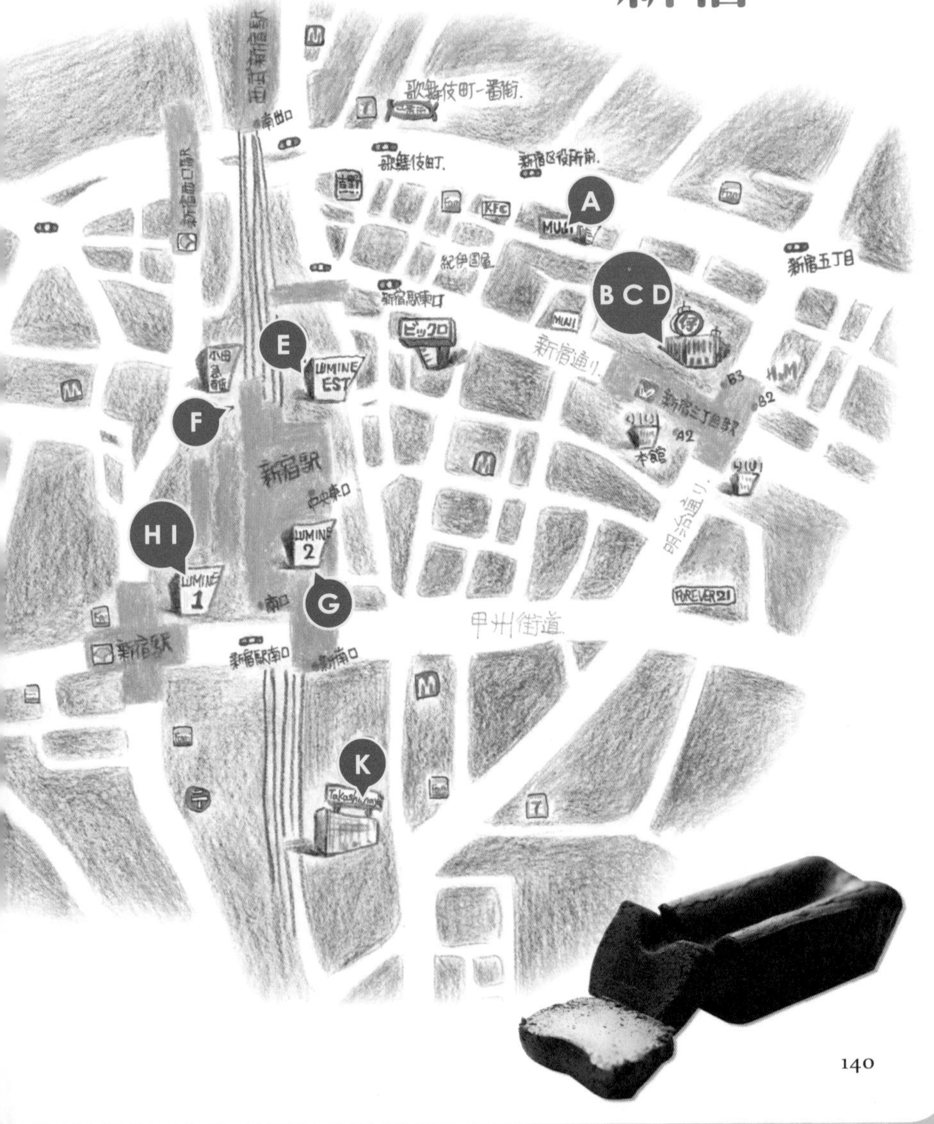
西武新宿駅
南出口
歌舞伎町一番街.
歌舞伎町.
新宿区役所前.
新宿西口駅
KFC
MUJI
A
紀伊國屋
新宿五丁目
新宿駅東口
B C D
ビックロ
E
LUMINE EST
新宿通り.
新宿三丁目駅
B3
B2
A2
本館
F
新宿駅
中央東口
明治通り.
H I
LUMINE 2
LUMINE 1
南口
G
FOREVER21
甲州街道.
新宿駅
新宿駅南口
新南口
K
Takashimaya

新宿御苑前

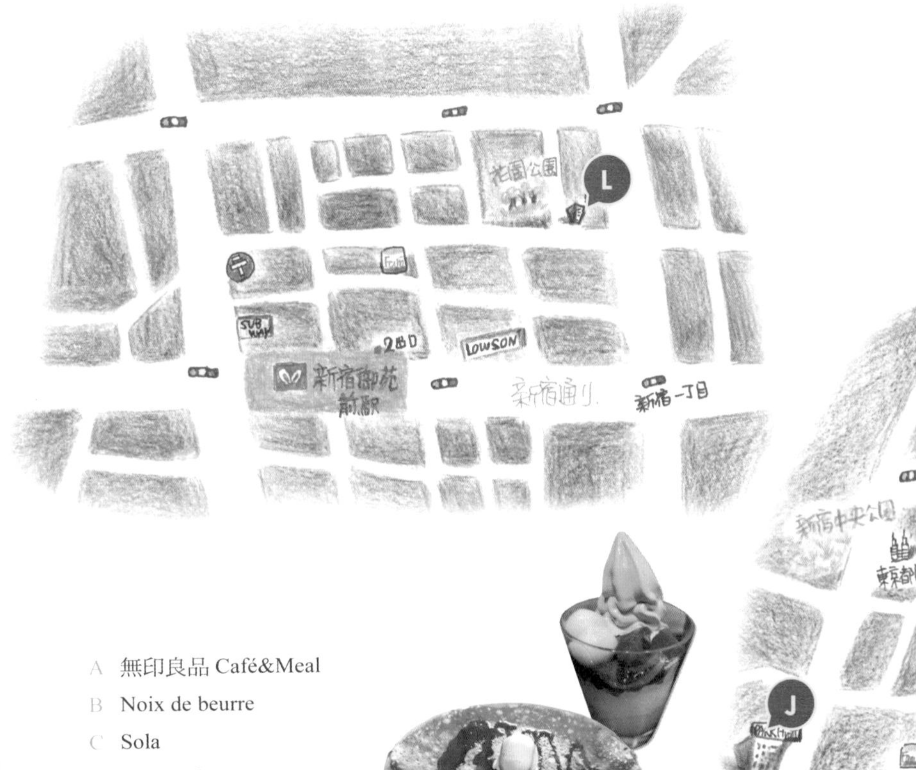

A 無印良品 Café&Meal
B Noix de beurre
C Sola
D Rose Bakery
E HARBS
F MAPLIES CAKE
G DEAN&DELUCA
H 林園茶屋
I 東京ミルクチーズ工場
J ペストリーブティック（Park Hyatt Tokyo）
K BREIZH Café CREPERIE
L Ken's café Tokyo

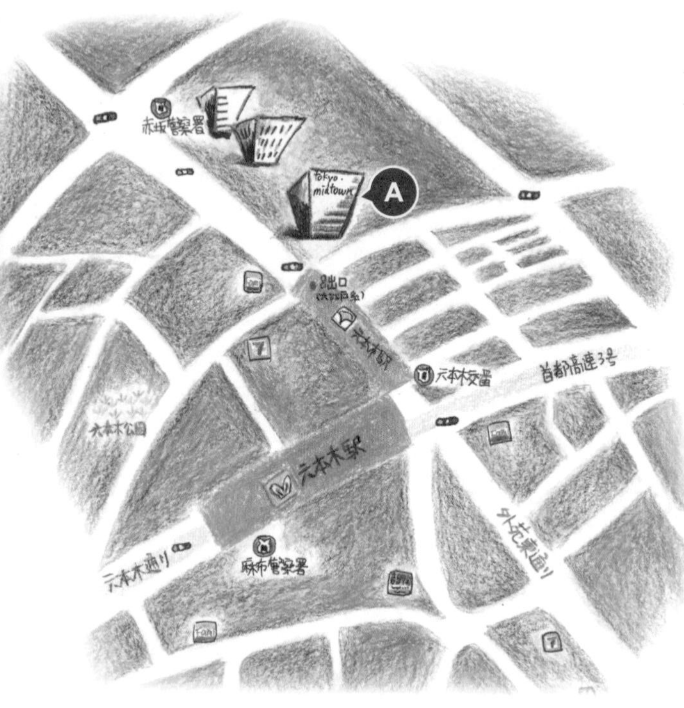

Roppongi
六本木

A　Toshi Yoroizuka

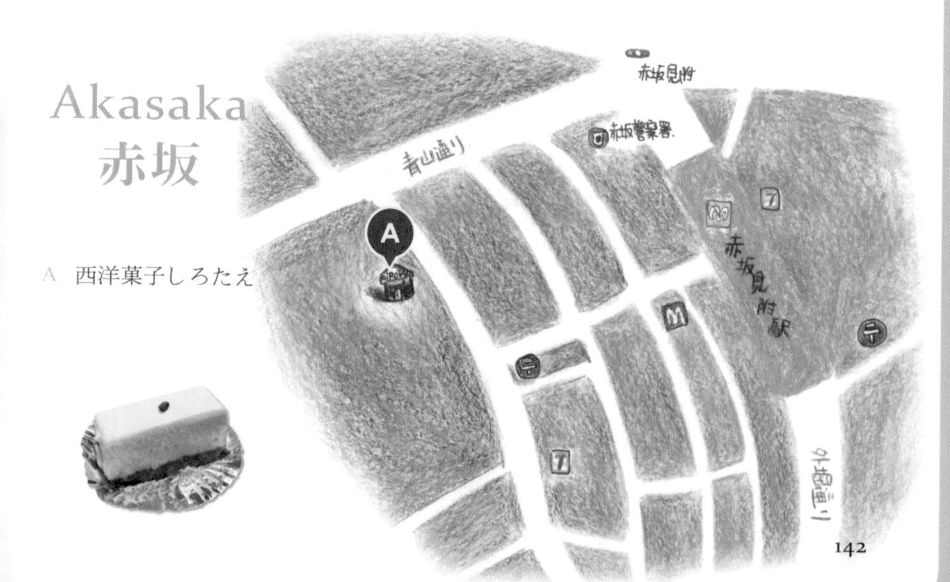

Akasaka
赤坂

A　西洋菓子しろたえ

Shirokane-takanawa
白金高輪

A　Belle Equipe

B　長寿庵（Cyoujuann）

Jiyūgaoka
自由之丘

A Parlour Laurel
B SHUTTERS
C nana's green tea
D Gateaux naturels Shu
E 古桑庵
F Las Luces. sweets. Café
G Mont St.Clair

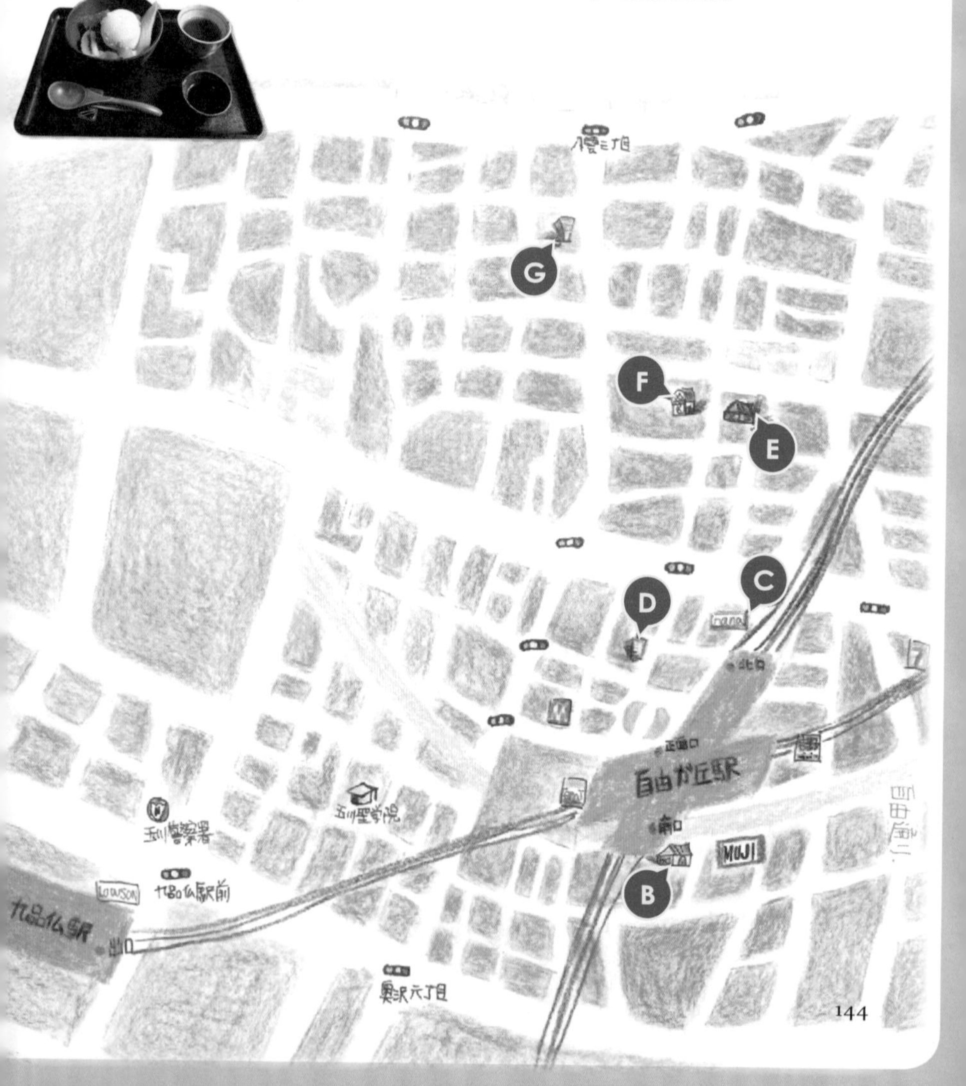

Ginza
銀座

- A MIKIMOTO LOUNGE
- B Jolie/Bonne
- C 銀座ぶどうの木
- D ARMANI/RISTORANTE
- E Lindt

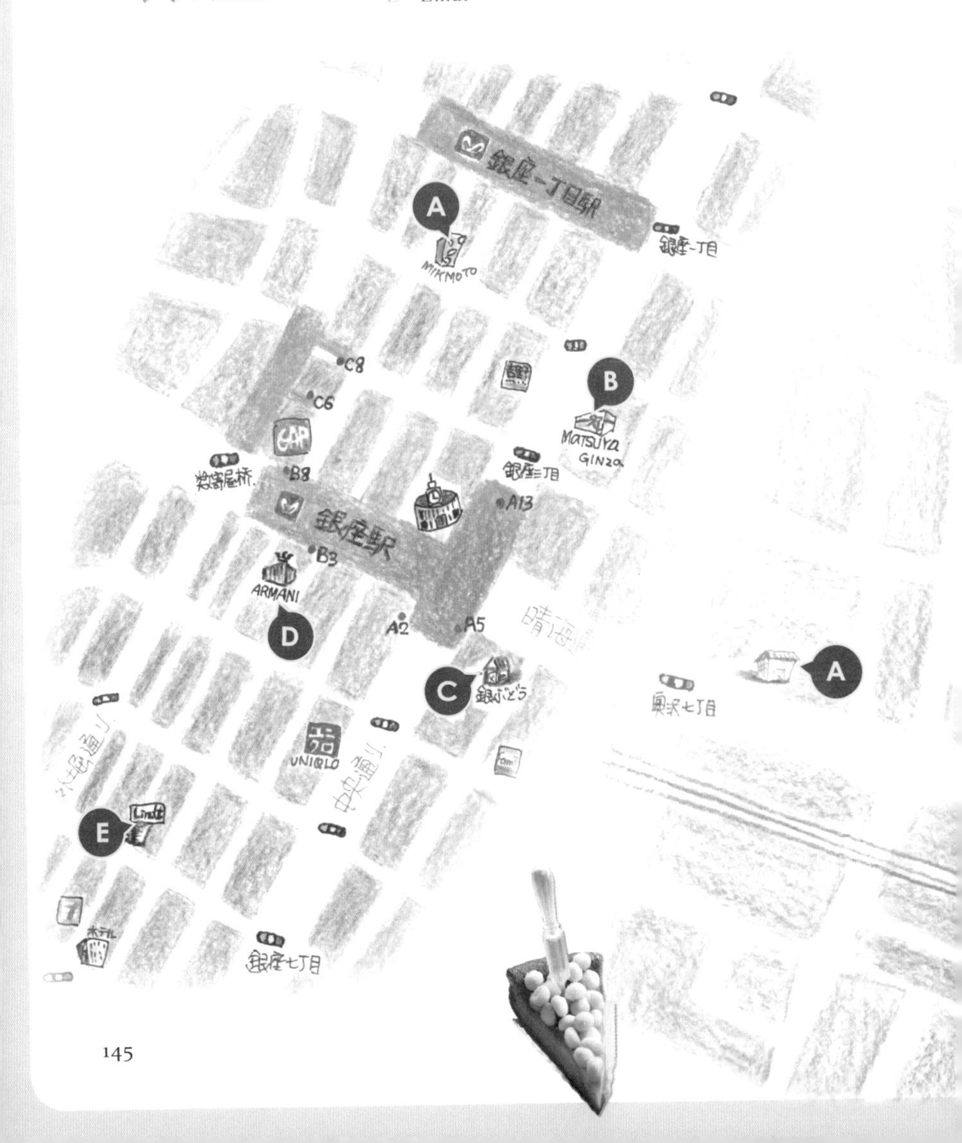

Tokyo
東京

A 半澤直樹倍返饅頭
B NOAKE
C 茶寮都路里
D Marshmallow Elegance (ME)
E 岩瀨牧場

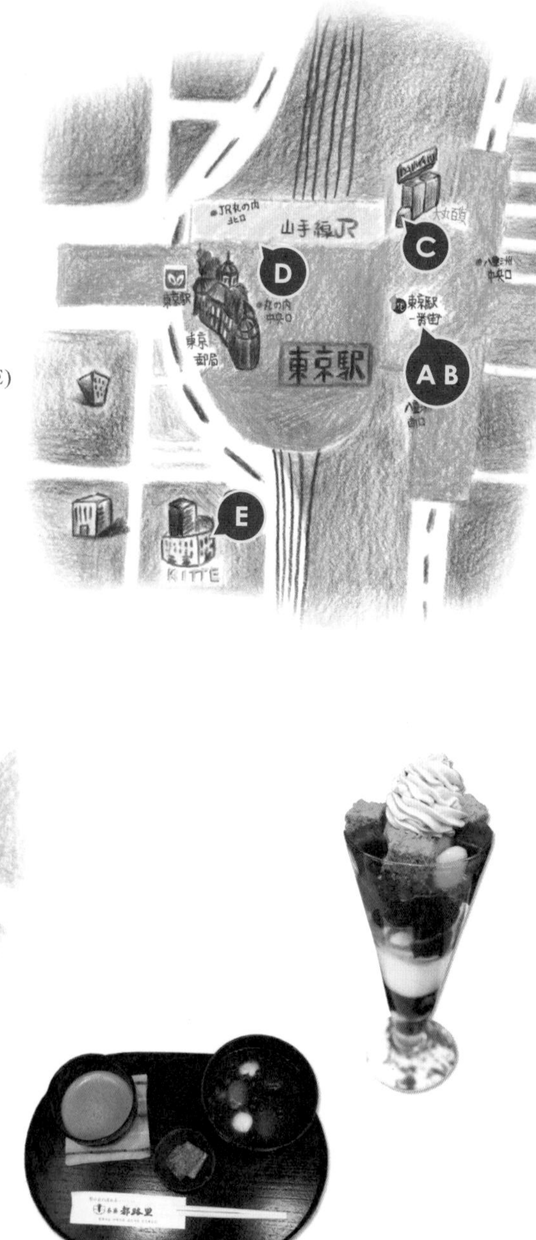

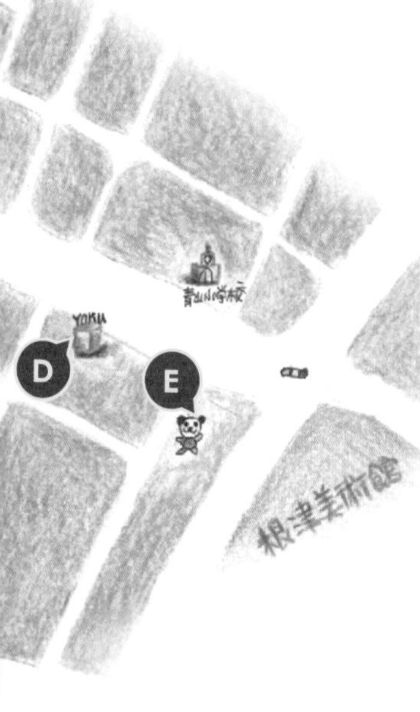

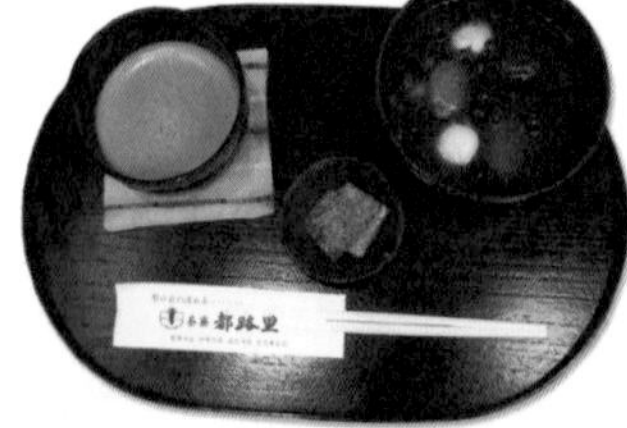

Omotesando
表參道

A Peltier
B Q-Pot.café
C PIERRE HERME PARIS
D YOKU MOKU
E Anniversary

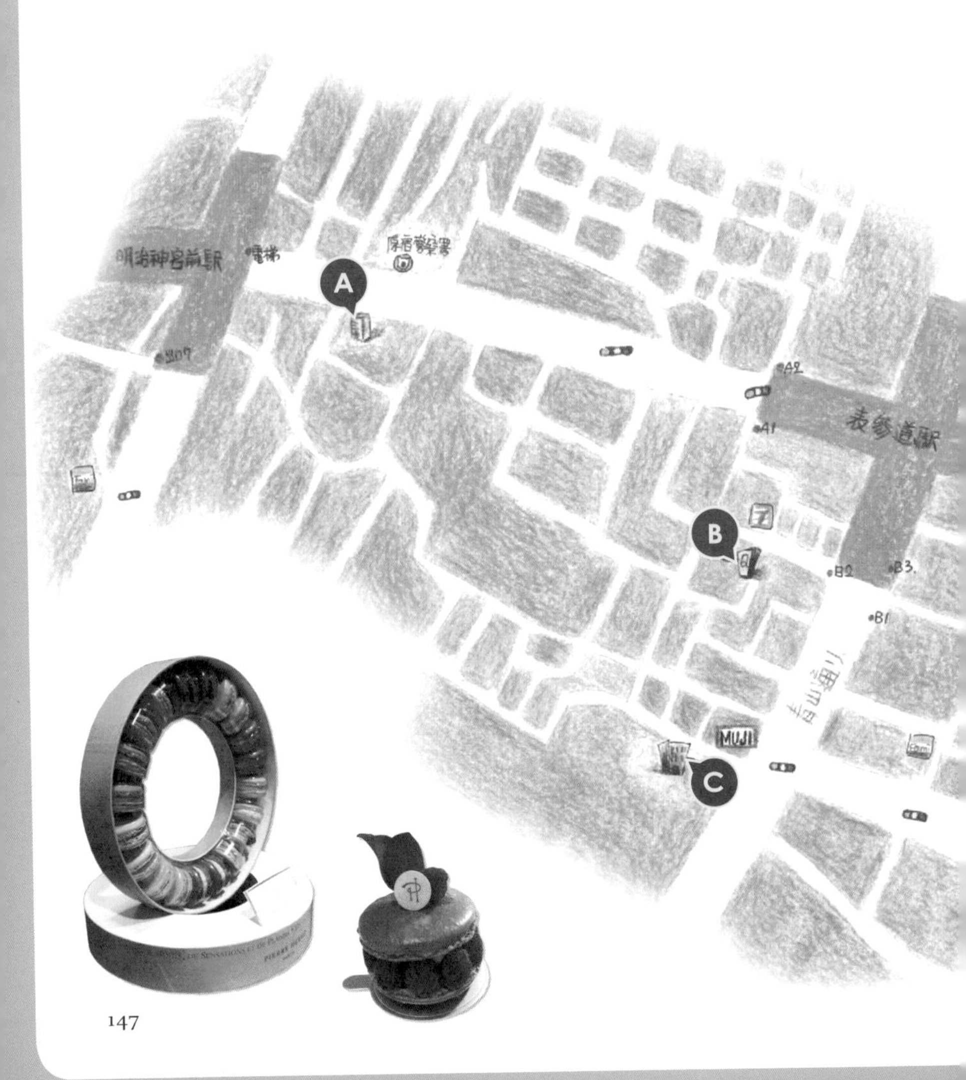

Daikanyamacho
代官山

A 松之助 N.Y.
B MAISON ICHI
C Ivy Place

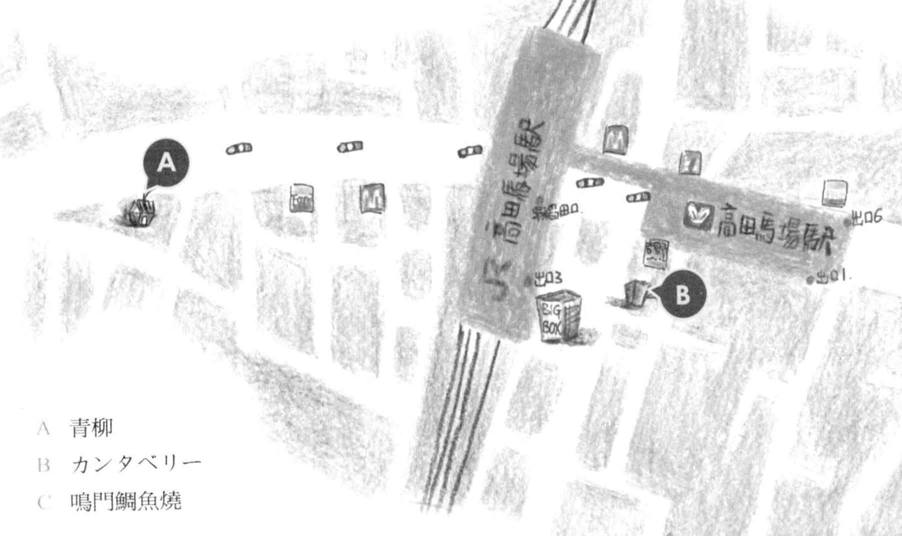

A 青柳

B カンタベリー

C 鳴門鯛魚燒

Takadanobaba
高田馬場

Mejiro
目白

A AIGRE DOUCE

Ikebukuro
池袋

A　Berry Parlour

B　La Famille

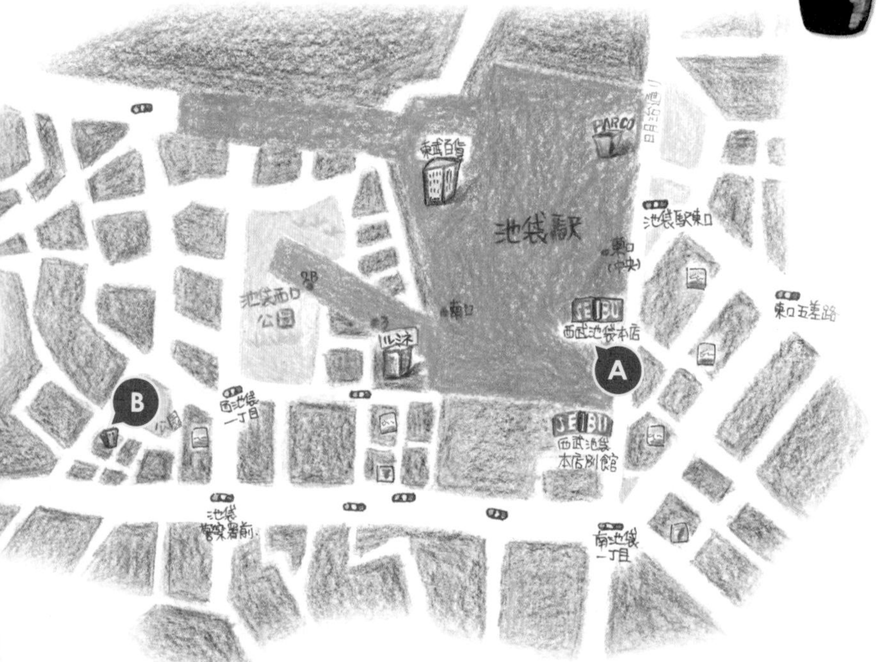

Ogikubo
荻窪

A　和 cafe こころね

Nippori
日暮里

A　江戸うさぎ

B　やなかしっぽや（yanakasippoya）

Skytree
天空樹

A　櫻 café 向島

Akihabara
秋葉原

A　和菓子松屋

simokitazawa
下北澤

A　アントレア

B　とよんちのたまご

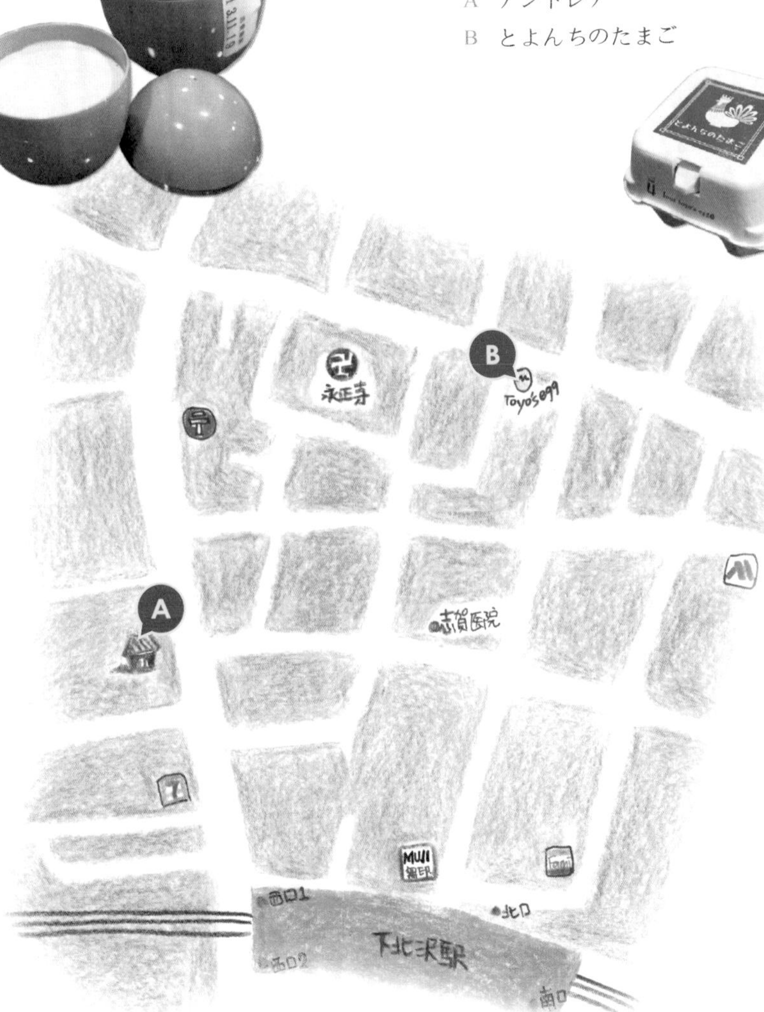

Bonjour
SINCE 1999
朋廚® 烘焙坊 & CAFÉ SINCE1999
www.e-bonjour.com.tw

國家圖書館出版品預行編目資料

東京甜點散步手札：幸せになるデザート / 許蓁蓁圖 . 文 . -- 第一版 . -- 臺北市：博思智庫，民 103.02
面； 公分
ISBN 978-986-89448-9-3(平裝)

1. 餐飲業 2. 日本東京都

483.8 103000046

博思智庫股份有限公司

博思智庫粉絲團 Facebook.com/broadthinktank

世界在我家 07

東京甜點散步手札

幸せになるデザート

作　　者　許蓁蓁
執行編輯　吳翔逸
美術設計　羅芝菱
行銷策劃　李依芳
發 行 人　黃輝煌
社　　長　蕭艷秋
財務顧問　蕭聰傑
出 版 者　博思智庫股份有限公司
地　　址　104 台北市中山區松江路 206 號 14 樓之 4
電　　話　(02) 25623277
傳　　真　(02) 25632892
總 代 理　聯合發行股份有限公司
電　　話　(02)29178022
傳　　真　(02)29156275
印　　製　永光彩色印刷股份有限公司
第一版第一刷　中華民國 103 年 2 月

定價 280 元　ISBN 978-986-89448-9-3　

東京甜點散步手札
·Coupon·

台灣 5 家品牌賞味優惠
日本 6 家名店蒞賞餐券

Taiwan

·若葉鯛魚燒·

憑券點餐，享折扣二擇一：
·消費金額折抵10元（一卷限用一次，影印無效）
·玄米茶或烘培茶一杯　（一人一次，一卷一杯）

期限｜2014/1/1～2014/12/31
地址｜新北市板橋區漢生東路117-1號　電話｜02-8951-3383

Taiwan

·September Cafe 9月咖啡館·

憑卷消費 9 折
再送一份手工餅乾

期限｜2014/1/1～2014/12/31　時間｜二～五：12:00～22:00
六、日：09:00～22:00
地址｜台北市大安區四維路14巷2-1號
粉絲團｜www.facebook.com/September.Cafe　電話｜02-2705-1669

Taiwan

·棧 standing bar·

憑卷可兌換
特調清酒一杯

期限｜2014/1/1～2014/12/31　電話｜02-2771-1595
地址｜台北市忠孝東路四段181巷40弄12號1樓　時間｜17:00~23:00（L.O. 23:00）

Taiwan

·Jamling cafe·

憑券點購任一口味鬆餅
即可免費兌換飲料一杯（限平日使用）

期限｜2014/1/1～2014/12/31　電話｜02-27012030
地址｜台北市大安區安和路一段127巷29弄15號　時間｜11:00~21:00
粉絲團｜請搜尋「Jamling cafe」

Taiwan

·Moo Toy Store·

憑卷免費兌換
精美禮品一份（換完為止）

期限｜2014/1/1～2014/12/31　電話｜02-2577-8833
地址｜台北市松山區八德路三段199巷25號1F　時間｜一～五17:30~22:00
六 12:00~18:30
粉絲團｜請搜尋「Moo Toy Store」

Japan

·アンドレア·

凡點購可麗餅，可任選一樣免費加料

巧克力 チョコ・肉桂 シナモン・杏仁 アーモンド・黑芝麻 ごま
布丁 プリン・椰子粉 ココナッツ・鳳梨 パイナップル・水蜜桃 もも

期限｜2014/1/1～2014/12/31　電話｜03-3468-2597
地址｜東京都世田谷區代田6-5-25　時間｜13：30～24：00

Japan

·櫻café向島·

持券消費
結帳金額再打 9 折

期限｜2014/1/1～2014/12/31　電話｜03-6658-8435
地址｜東京都墨田區業平1-17-5　時間｜10：00～19：00

Japan

·江戶うさぎ·

凡點購仙貝冰淇淋
折抵 50 元日幣

期限｜2014/1/1～2014/12/31　電話｜03-3891-1432
地址｜東京都荒川區西日暮里2-14-11　時間｜9：00～18：00

Japan

·La Famille·

持券消費
結帳金額再打 9 折

期限｜2014/1/1～2014/12/31　電話｜03-5958-0431
地址｜東京都豐島區西池袋3-4-6 1樓　時間｜10：30~18：30

Japan

·O'o.Tt (Belle Equipe)·

憑券購買以下商品　讀者限定只送不賣

YAKISANBON ¥450 / MARUSANBON ¥380 / BLANCHE ¥350

即贈台灣烏龍茶製葉型巧克力一份（500元日幣）

期限｜2014/1/1～2014/12/31　電話｜03-6659-7422
地址｜東京都港區白金1-14-4 1樓　時間｜12：00～23：00

Japan

·O'o.Tt (長寿庵)·

憑券購買一份巧克力（5入）
再贈 2 個巧克力

期限｜2014/1/1～2014/12/31
地址｜東京都港區白金台4-8-9　電話｜81-3-3441-4069

東京甜點散步手札 · Coupon ·

台灣 5 家品牌賞味優惠
日本 6 家名店蒞賞餐券

Taiwan

・若葉鯛魚燒・

優惠券使用說明：

・每人每次限用一張，使用前請先出示折價券，並由店家回收。
・本券經拍照、影印無效，無法抵換現金，且不得與其他優惠合併使用。
・店家保留隨時修改、變更或終止本活動之權利，實際優惠品項以現場為主。

使用期限：2014/1/1～2014/12/31

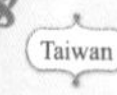

Taiwan

・桟 standing bar・

優惠券使用說明：

・每人每次限用一張，使用前請先出示折價券，並由店家回收。
・本券經拍照、影印無效，無法抵換現金，且不得與其他優惠合併使用。
・店家保留隨時修改、變更或終止本活動之權利，實際優惠品項以現場為主。

使用期限：2014/1/1～2014/12/31

Taiwan

・September Cafe 9月咖啡館・

優惠券使用說明：

・每人每次限用一張，使用前請先出示折價券，並由店家回收。
・本券經拍照、影印無效，無法抵換現金，且不得與其他優惠合併使用。
・店家保留隨時修改、變更或終止本活動之權利，實際優惠品項以現場為主。

使用期限：2014/1/1～2014/12/31

Taiwan

・Moo Toy Store・

優惠券使用說明：

・每人每次限用一張，使用前請先出示折價券，並由店家回收。
・本券經拍照、影印無效，無法抵換現金，且不得與其他優惠合併使用。
・店家保留隨時修改、變更或終止本活動之權利，實際優惠品項以現場為主。

使用期限：2014/1/1～2014/12/31

Taiwan

・Jamling cafe・

優惠券使用說明：

・每人每次限用一張，使用前請先出示折價券，並由店家回收。
・本券經拍照、影印無效，無法抵換現金，且不得與其他優惠合併使用。
・店家保留隨時修改、變更或終止本活動之權利，實際優惠品項以現場為主。

使用期限：2014/1/1～2014/12/31

Japan

・櫻café向島・

優惠券使用說明：

・每人每次限用一張，使用前請先出示折價券，並由店家回收。
・本券經拍照、影印無效，無法抵換現金，且不得與其他優惠合併使用。
・店家保留隨時修改、變更或終止本活動之權利，實際優惠品項以現場為主。

使用期限：2014/1/1～2014/12/31

Japan

・アンドレア・

優惠券使用說明：

・每人每次限用一張，使用前請先出示折價券，並由店家回收。
・本券經拍照、影印無效，無法抵換現金，且不得與其他優惠合併使用。
・店家保留隨時修改、變更或終止本活動之權利，實際優惠品項以現場為主。

使用期限：2014/1/1～2014/12/31

Japan

・La Famille・

優惠券使用說明：

・每人每次限用一張，使用前請先出示折價券，並由店家回收。
・本券經拍照、影印無效，無法抵換現金，且不得與其他優惠合併使用。
・店家保留隨時修改、變更或終止本活動之權利，實際優惠品項以現場為主。

使用期限：2014/1/1～2014/12/31

Japan

・江戸うさぎ・

優惠券使用說明：

・每人每次限用一張，使用前請先出示折價券，並由店家回收。
・本券經拍照、影印無效，無法抵換現金，且不得與其他優惠合併使用。
・店家保留隨時修改、變更或終止本活動之權利，實際優惠品項以現場為主。

使用期限：2014/1/1～2014/12/31

Japan

・O'o.Tt (長寿庵)・

優惠券使用說明：

・每人每次限用一張，使用前請先出示折價券，並由店家回收。
・本券經拍照、影印無效，無法抵換現金，且不得與其他優惠合併使用。
・店家保留隨時修改、變更或終止本活動之權利，實際優惠品項以現場為主。

使用期限：2014/1/1～2014/12/31

Japan

・O'o.Tt (Belle Equipe)・

優惠券使用說明：

・每人每次限用一張，使用前請先出示折價券，並由店家回收。
・本券經拍照、影印無效，無法抵換現金，且不得與其他優惠合併使用。
・店家保留隨時修改、變更或終止本活動之權利，實際優惠品項以現場為主。

使用期限：2014/1/1～2014/12/31